新型泡沫混凝土
及其性能调控

罗健林 刘 超 李秋义
张纪刚 高 嵩 著

重庆大学出版社

内容提要

本书共 7 章,着重介绍了新型泡沫混凝土的发展状况,新型泡沫混凝土组成材料的特点,不同发泡工艺及泡沫性能评价方法,固废基胶凝材料新型泡沫混凝土制备工艺,以及粉煤灰、纳米材料、表面防水剂等掺合料或添加剂对新型泡沫混凝土(多功能型泡沫混凝土、纳米混凝土、固废基泡沫混凝土)微观结构影响,并系统分析了相应新型泡沫混凝土的基础物化性能、收缩性能、阻尼减振性能、保温防水性能及吸波性能。

本书可作为高等院校建筑材料、无机非金属材料工程专业、硅酸盐工程专业的本科生和研究生教学与参考用书,也可供从事泡沫混凝土材料与制品研发、生产单位以及建材企业工程技术人员阅读参考。

图书在版编目(CIP)数据

新型泡沫混凝十及其性能调控/罗健林等著.   重
庆:重庆大学出版社,2022.2
(弘深·科学技术文库)
ISBN 978-7-5689-3139-7

Ⅰ.①新… Ⅱ.①罗… Ⅲ.①泡沫混凝土—性能—研
究 Ⅳ.①TU528.2

中国版本图书馆 CIP 数据核字(2022)第 023331 号

新型泡沫混凝土及其性能调控
XINXING PAOMO HUNNINGTU JIQI XINGNENG TIAOKONG

罗健林 刘超 李秋义 张纪刚 高嵩 著
策划编辑:范春青
责任编辑:李定群   版式设计:范春青
责任校对:关德强   责任印制:赵晟
*
重庆大学出版社出版发行
出版人:饶帮华
社址:重庆市沙坪坝区大学城西路 21 号
邮编:401331
电话:(023) 88617190   88617185(中小学)
传真:(023) 88617186   88617166
网址:http://www.cqup.com.cn
邮箱:fxk@cqup.com.cn(营销中心)
全国新华书店经销
重庆升光电力印务有限公司印刷
*
开本:720mm×1020mm   1/16   印张:11.25   字数:161 千
2022 年 2 月第 1 版   2022 年 2 月第 1 次印刷
ISBN 978-7-5689-3139-7   定价:78.00 元

前　言

　　当今世界能源危机日益严重,快速增长的经济发展已不能满足当今资源环境的要求。建筑能耗占总能耗的 40% 以上,而一半以上的建筑能耗用于冬季供暖和夏季降温。因此,提升建筑墙板的保温性能势在必行,这些墙板在降低能耗和低碳可持续性方面起着决定性作用。为了有效降低建筑能耗,市场上出现了各种保温材料,主要包括有机保温材料和无机保温材料。有机保温材料因耐火性能差、一次燃烧释放有毒气体、成本高、耐久性差等,往往限制了其应用。在无机保温材料中,泡沫混凝土作为一种通过向水泥浆中添加预制泡沫制备的轻质多孔混凝土,以其高流动性、低水泥含量、低成本以及优异的保温与轻质性能而被广泛应用于工程结构各类非承重部位,如保温墙体、轻质屋面、地暖地坪、挡土墙填充体等。与此同时,用固废基胶凝材料部分或全部取代传统硅酸盐水泥,或加入高性能外加剂,发展新型泡沫混凝土、固废基泡沫混凝土、纳米混凝土等,不仅能有效提升和调控其保温防水、减缩抗裂、阻尼减振及吸波性能等功能性能,而且可实现低碳环保效果。

　　本书是在国家博士后科学基金面上项目"纳米泡沫混凝土及加筋 Sandwich 墙板的吸波耗能性能"(No. 2012M521299)、国家级大学生创新训练计划项目"吸波耗能型纳米碳管薄层/发泡混凝土 Sandwich 墙板研究"(No. 201310429030)、山东省优秀中青年科学家科研奖励基金项目"CNT 增强发泡混凝土及其加筋墙板电磁波屏蔽与吸收性能"(No. BS2013CL017)、山东省自然科学基金重大基础研究项目"固废制备节能保温绿色建材基础理论与关键技术"(No. ZR2017ZC0737)、山东省高等学校蓝色经济区工程建设与安全协同创新中心子课题"面向装配式建筑的纳米改性绿色建材及创新应用"(No. 310000300090026)、山东省重点研发计划项目(社会公益类)"纳米改性高效绿色建材及其在装配式墙板体系创新应用"（No. 2019GSF110008）、山东省"土木工程"一流学科、山东省"高峰学科"建设学科及"材料科学与工程"在青高校服务我市产业发展重点学科基金等的持续共同资助下研究编撰完成的。作者对上述科研项目与学科平台的资金支持表示衷心的感谢。

　　本书着重介绍了新型泡沫混凝土的发展状况、新型泡沫混凝土组成材料的特点，不同发泡工艺及泡沫性能评价方法，固废基胶凝材料新型泡沫混凝土制备工艺，以及粉煤灰、纳米材料、表面防水剂等掺合料或添加剂对新型泡沫混凝土（多功能型泡沫混凝土、纳米混凝土、固废基泡沫混凝土）微观结构影响，并系统分析了相应新型泡沫混凝土的基础物化性能、收缩性能、阻尼减振性能、保温防水性能及吸波性能。本书可作为高等院校建筑材料、无机非金属材料工程专业、硅酸盐工程专业的本科生和研究生教学与参考用书，也可供从事泡沫混凝土材料与制品研发、生产单位以及建材企业工程技术人员阅读参考。

　　本书由青岛理工大学罗健林、刘超、张纪刚、高嵩，青岛农业大学李秋义著。在本书的撰写和科研过程中，张帅、滕飞、宋硕、孙胜伟、吴彩凤、陈磊、万亭亭等做了很多工作，金祖权教授、张鹏教授、李绍纯教授在本书的编撰过程中提供了许多宝贵指导意见，在此对他们表示诚挚的谢意。

　　由于作者的水平有限，书中难免有疏漏或不当之处，敬请同行和广大读者批评指正。

罗健林
2021 年 8 月于青岛

目 录

第 1 章 绪 论

1.1 项目背景及意义

进入 21 世纪以来,社会生产力飞速发展,人们的生活水平得到了极大的提升。与以往相比,人们在衣、食、住、行方面发生了量变与质变。在经济快速发展的同时,也带来了一系列问题,环境污染、资源枯竭、全球气候变暖等日趋严重。近年来,人们也逐渐意识到资源不足的问题,不再盲目地追求经济的发展,开始注重人与自然协调发展,各国也出台了一系列的政策来应对环境问题和能源枯竭问题。习近平总书记强调环境保护,并提出了"绿水青山就是金山银山"的理念。各部门纷纷响应号召,促进节能减排,践行绿色发展的理念。各国投入大量的财力物力,集中科研力量,研发新材料、新技术和新工艺来取代高耗能的材料、技术和工艺,并对已有的生产工艺和技术进行改造,从根源入手做到节能减排。

据调查,能源消耗比例在各个领域各不相同,其中以建筑领域为最多,占总能源消耗的 40% 以上,而在整个建筑能耗中用于冬季取暖和夏季降温的能耗占了 1/2 以上。过去,建筑物的大部分结构都采用传统的混凝土,墙体结构用红砖砌筑而成,混凝土和红砖的大量使用不仅没有良好的保温隔热效果,而且大量消耗了地球的资源。这就要求人们选择一种轻质并具有保温效果的材料充当建筑填充墙体。在这个背景下,我国大力推行节能建材和墙体的改革,在政策推动下,各种各样的保温墙体材料相继涌现,主要有聚苯乙烯板、聚苯颗粒、聚氨酯发泡保温制品、挤塑聚苯板等有机保温材料,以及膨胀珍珠岩、中空玻化微珠、岩棉、矿棉、玻璃棉等无机保温材料。但是,它们都存在很多不足,而且安全性得不到保障。例如,有机保温材料容易燃烧,而且燃烧释放有毒气体,曾造成多次火灾;无机保温材料虽具有良好的保温性能,但其成本较高,原料来源有限,并且其耐火度也不是特别高。因此,保温材料的发展受到限制,这就推动广大科研工作者将目光转向无机泡沫混凝土。

泡沫混凝土作为轻质混凝土的一种,在工程中通常通过将预制泡沫掺入搅拌好的胶凝材料浆体或含有少量细骨料的砂浆中经混合搅拌制备而成。泡沫混凝土,尤其是超轻泡沫混凝土,不仅具有轻质、保温隔热、隔音、消能减振及耐火等性能,而且原料来源广泛,制作成本低。在建筑物中,选择不同密度等级的泡沫混凝土直接或辅助用于制备不同功能需求的建筑构件,可减少混凝土的使用,降低建筑物自重,很好地解决保温隔热效果差的问题,符合绿色环保的理念。

对泡沫混凝土的研究,大多是以硅酸盐水泥为主要胶凝材料。用硅酸盐水泥制备的泡沫混凝土存在养护周期长、强度发展慢、干燥收缩大、孔结构差及导热系数偏高等问题。同时,硅酸盐水泥因凝结速度慢,掺入大量的泡沫后容易塌膜,对发泡剂的要求极高,不适合制备超轻泡沫混凝土。高贝利特硫铝酸盐水泥是用固废烧制的一种新型水泥,其性能介于硅酸盐水泥和硫铝酸盐水泥之间,具有快凝快硬、早强高强、微膨胀、低干缩、抗渗、抗冻及耐腐蚀等优点。使用高贝利特硫铝酸盐水泥制备超轻泡沫混凝土,可有效防止塌膜现象,提高早期强度,缩短养护周期,降低干缩,改善孔结构,提高保温性能。又因其用固废烧制且烧制过程中碳排放量较低,故高贝利特硫铝酸盐水泥基超轻泡沫混凝土(UHBFC)的研发将同时具有较大的工程意义和环保意义。

事实上,泡沫混凝土作为一种通过向水泥浆中添加预制泡沫制备的轻质多孔混凝土,以其高流动性、低水泥含量、低成本以及优异的保温与轻质性能已被广泛应用于工程结构各类非承重部位,如保温墙体、轻质屋面、地暖地坪、挡土墙填充体等。然而,随着社会经济不断发展,有待开展泡沫混凝土及制品性能调控,以更好地应用于各类工程结构非承重部位,在保障基本保温隔热基础物化性能基础上,同步实现如抗裂减缩、阻尼减振、微波吸收等功能拓展。

本书首先介绍新型泡沫混凝土的发展状况、新型泡沫混凝土组成材料的特点、不同发泡工艺及泡沫性能评价方法;然后开展固废基胶凝材料新型泡沫混凝土制备工艺,粉煤灰、纳米材料、表面防水剂等掺合料或添加剂对新型泡沫混凝土微观结构影响的分析;最后系统分析相应新型泡沫混凝土的基础物化性能、收缩性能、阻尼减振性能、保温防水性能及吸波性能。

1.2 泡沫混凝土的概述

1.2.1 泡沫混凝土的定义及分类

泡沫混凝土又称发泡水泥、发泡混凝土或轻质混凝土,是以硅酸盐水泥基、石膏基、菱镁基、硫铝酸盐水泥、地聚物水泥基胶凝材料等为主要基料,采用物理发泡法或化学发泡法,制备成的含有大量微小气孔的轻质多孔材料。泡沫混凝土属于加气混凝土的一种,二者的制备工艺有很多相近之处,但从定义上讲,二者还是存在一定差别。广义上的加气混凝土,包括泡沫混凝土、加气混凝土砌块和加入引气剂的混凝土。但狭义上的加气混凝土,通常单指加气混凝土砌块。

泡沫混凝土具有轻质、隔音耐火、保温隔热、整体性好、低弹减振、加工方便及环保性能好等优点(见图 1.1),一直以来广受好评。近年来,随着建筑节能的推广,各国加大对泡沫混凝土的资金投入,推动了泡沫混凝土的发展,拓宽了泡沫混凝土的应用范围。

泡沫混凝土一般按以下方法进行分类：

1）按组成的胶凝材料分类

按组成的胶凝材料,可分为水泥泡沫混凝土、火山灰质胶结材料泡沫混凝土、石膏泡沫混凝土、菱镁泡沫混凝土及硫铝酸盐水泥泡沫混凝土。

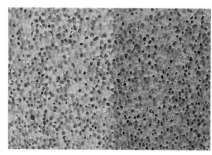 

（a）均匀孔结构断面　　　　　　　　（b）优异的抗火性能

图1.1　泡沫混凝土孔结构与抗火性能检验

2）按密度等级分类

按泡沫混凝土的干密度,可分为 300,400,500,600,700,800,900,1 000,1 200,1 400,1 600 kg/m³ 11 个等级。

3）按强度等级分类

按泡沫混凝土的抗压强度,可分为 0.3,0.5,1.0,2.0,3.0,4.0,5.0,7.5,10.0,15.0,20.0 MPa 11 个等级。

4）按吸水率分类

按泡沫混凝土的吸水率,可分为 5%,10%,15%,20%,25%,30%,40%,50% 8 个等级。

5）按生产制备工艺分类

按发泡方法,可分为化学发泡法和物理发泡法;按生产工艺,可分为现浇泡沫混凝土和工厂预制泡沫混凝土。

6）按应用领域分类

按应用领域,可分为园林泡沫混凝土、路用泡沫混凝土、房建泡沫混凝土、工程泡沫混凝土及产业泡沫混凝土。

7）按填料种类分类

按填料种类,可分为粉煤灰泡沫混凝土、秸秆泡沫混凝土、矿渣泡沫混凝土、尾矿粉泡沫混凝土及煤矸石泡沫混凝土等。

8）按功能分类

按泡沫混凝土的使用功能,可分为保温型泡沫混凝土砌块(见图 1.2(a))、保温结构性泡沫混凝土和结构保温一体型泡沫混凝土(见图 1.2(b))。

(a)保温型泡沫混凝土砌块　　　　　(b)结构保温一体型轻质墙板

图 1.2　泡沫混凝土砌块与轻质墙板

1.2.2　泡沫混凝土的发泡工艺

1）物理发泡法

物理发泡法包括高速搅拌发泡法和压缩空气发泡法。

（1）高速搅拌发泡法

高速搅拌发泡法是将预先稀释好的发泡剂溶液倒入高速搅拌机中,经快速搅拌产生泡沫,随后将泡沫取出倒入正在搅拌的胶凝材料浆体中进行混合搅拌。这种发泡方式操作简单,但在搅拌过程中很难使上下泡径均匀,搅拌过程中容易使泡沫产生破裂,而且不同的搅拌速度和搅拌时间会导致制备的泡沫性能存在很大的差异。

（2）压缩空气发泡法

压缩空气发泡法是采用空压发泡机，将稀释好的发泡剂溶液吸入混泡管在空气压缩作用下吹出泡沫，不但可直接吹入水泥浆体，而且可随时停止发泡，根据需求量控制发泡量，减少浪费，而且方便与泵送设备协同使用，可用于大面积现场浇筑。

相比于高速搅拌叶片发泡法，压缩空气法产生的泡沫泡径较均匀，制备的泡沫混凝土性能更好。工程中，制备泡沫混凝土常用物理发泡法压缩空气法。物理发泡法对应的泡沫混凝土生产制备工艺为预制泡混合工艺。

2）化学发泡法

化学发泡法是指在胶凝材料浆体中加入一种或两种化学试剂，充分搅拌后浇模，使其通过化学反应静停发泡，使浆体发生膨胀。这种方法不适合大工程量的施工，而且化学反应的时间点不容易控制，产生的气泡数量不容易计算，气泡的质量也较差，故在工程中应用较少。化学发泡法对应的泡沫混凝土的生产制备工艺为混合搅拌工艺。

1.2.3 泡沫混凝土的工程应用

1）外墙保温板

外墙和屋面保温是泡沫混凝土的主要应用领域，与其他有机或无机类保温板相比，泡沫混凝土保温墙板不但拥有良好的保温隔热性能，而且具备轻质、防火和耐久性好的优点。近年来，我国从泡沫混凝土的干密度、强度和导热系数3个方面的性能寻求升级空间。已研发出密度低于 150 kg/m^3、抗压强度高于 0.12 MPa、导热系数低于 0.03 W/(m·K) 的超轻泡沫混凝土保温墙板，用于建筑外墙和屋面可起到优良的保温效果，如图 1.3（a）所示。

2）泡沫混凝土砌块

为了提高砌筑速度,可将泡沫混凝土做成体积较大的泡沫混凝土砌块,拥有良好的隔音效果和自保温效果,可用作自保温内隔墙和自保温外墙。用于制作自保温墙体的泡沫混凝土的密度一般低于 $700\ kg/m^3$,导热系数低于 $0.15\ W/(m\cdot K)$。在建筑物中有选择地使用泡沫混凝土砌块,可减轻结构自重,增加建筑使用面积。现阶段泡沫混凝土砌块主要用于保温,也用于非承重结构,少数用作承重墙体,几乎很少用于主体承重结构。

（a)屋面保温层　　　　　　　（b)挡土墙

图 1.3　泡沫混凝土应用工程

3）回填材料

与普通混凝土比,泡沫混凝土的流动性好,施工简便(可直接泵送至需要填充的部位),回填密实度高,不需要振捣和碾压,成本较低。与砂石相比,泡沫混凝土回填效率更高且承受荷载较均匀。泡沫混凝土作为回填材料主要应用于地下管线、水井、排污管道、采空区及地下洞穴等回填,甚至近年来开始用于隧道工程,起到消能减荷的作用。

4）地基工程

泡沫混凝土在补偿地基方面起到了很好的效果。在建筑物施工过程中,因建筑物自重不同会产生不均匀沉降,泡沫混凝土具有良好的可压缩性,其强度可控制在允许的范围内,以确保建筑物均匀沉降,降低沉降差。另外,泡沫混凝土拥有良好的渗水性能,且轻质,耐久性好,在泡沫混凝土基础上面覆盖塑胶或人造草皮可制成运动场,舒适性较好。由于泡沫混凝土的吸声性能好,且弹性模量低。因此,可用作机场地基,防止振动对跑道的损伤。

5)挡土墙

泡沫混凝土是一种黏结性能良好的刚性体,将其用作岸墙的回填材料,并不会对岸墙施加侧向压力,可降低对墙体的侧向荷载,并有效降低岸墙的沉降,减少维护费用。另外,泡沫混凝土可取代边坡的土壤,减轻边坡质量,提高边坡的稳定性,如图1.3(b)所示。

6)减振层

近年来,专家开始考虑在隧道等地下结构设置减振层来减轻振害。泡沫混凝土具有消能减振的作用,可很好地吸收周围的岩石变形产生的能量,同时其耐久性较好且容易适应隧道结构的施工要求和地质环境。

7)装饰工程

泡沫混凝土在装饰工程和园林景观方面有着很好的发展势头。由于泡沫混凝土质轻,易加工且成型较快。因此,可替代普通的混凝土材料填充一些实体景观造型,不但能减轻其自重,还可降低成本。泡沫混凝土与石膏相比,拥有更低的密度更高的强度。因此,它可代替石膏用来制作一些工艺品,甚至制作一些可浮在水面上的景观和装饰品,提升观赏效果。

8)军工防护工程

以泡沫混凝土为基础并配有钢筋制成的钢筋混凝土结构,可用作地下军工防护结构。它具有很好的吸能缓冲作用,可有效地降低子弹和爆破的冲击作用,减少破坏,且造价低廉,施工速度快,可大面积使用。

1.3　发泡剂的概述与应用

1.3.1　发泡剂的概念

　　发泡剂有广义和狭义两个概念。广义的发泡剂,是指所有在水中引入空气后能产生泡沫的表面活性物质或表面活性剂。它包括的范围很广,种类繁多。但是,狭义的发泡剂,是指那些不但能产生大量泡沫,而且产生的泡沫具有优异性能的发泡剂。这类发泡剂可用来制备各种泡沫产品,应用价值较高。本书所述用来制备泡沫混凝土的发泡剂就是指狭义的发泡剂。发泡剂的发泡机理较简单,即表面活性物质溶于水后会形成双电子结构,这种结构包裹空气形成气泡。

1.3.2　发泡剂的分类

　　发泡剂通常被分为两大类,即物理发泡剂和化学发泡剂。物理发泡剂在发泡过程中不涉及化学变化,只有物理变化。这类发泡剂包括一些易升华的固体和沸点低的液体。化学发泡剂通常是指在发泡过程中通过两种化学物质反应,或某种化学物质本身不稳定,溶于水后会分解产生气体的发泡剂。

　　1）物理发泡剂

　　常见的物理发泡剂包括松香树脂类发泡剂、植物蛋白类发泡剂、动物蛋白类发泡剂、表面活性剂类发泡剂及复合型发泡剂。这些物理发泡剂表面活性较高,可使液体表面张力降低,其双电子层排列可包围液膜表面的空气,从而形成气泡。

（1）松香树脂类发泡剂

松香树脂类发泡剂是一种引气剂,是应用较早的一种发泡剂。它包括松香皂类发泡剂和松香热聚物发泡剂。松香皂类发泡剂的价格低廉,制作简单,但发泡能力较差,产生的泡沫稳定性也较差,容易与水泥相容。松香皂类发泡剂制备的泡沫不易大量掺入,掺入过多会导致塌膜严重,只适合制备密度高的泡沫混凝土。松香热聚物发泡剂制备的泡沫的稳定性并没有好于松香皂发泡剂,但却造价成本高,而且会产生有毒的苯酚,故其应用推广受到限制。

（2）植物蛋白类发泡剂

植物蛋白类发泡剂主要包括皂角苷发泡剂和茶皂素发泡剂。其生产工艺是首先将这些原料水洗并脱水,然后加碱水解,再经过脱色、脱臭、过滤、杀菌、干燥、筛分及粉碎等过程得到成品,植物蛋白发泡剂无毒无害,符合低碳环保的理念。植物蛋白类发泡剂的泡沫稳定性较好,气泡壁弹性较好,且发泡剂受外界环境影响较小,成本不高,故其应用范围较广泛。

（3）动物蛋白类发泡剂

动物蛋白类发泡剂的主要应用领域是在泡沫混凝土中,它的原料取自废弃动物角蛋白、毛发和血胶等。其制备方法是将原料与氢氧化钙混合,再加入一定量的水搅拌使之呈糊状,然后将其碱催化水解,再收集滤液并加盐酸中和,最后加热浓缩至含有一定固含量。动物蛋白类发泡剂产生的泡沫可长时间不消泡,但原材料匮乏,且动物蛋白易腐烂,刺激性气味大,故应用范围不如植物蛋白发泡剂广泛。

（4）合成型表面活性剂类发泡剂

根据离子性质不同,表面活性剂类发泡剂可分为阴离子型、阳离子型、两性离子型及非离子型。市面上的表面活性剂类发泡剂有 10 余种,其中以阴离子型发泡剂十二烷基苯磺酸钠为最常见。这种发泡剂起泡量大,发泡速度快,但泡沫稳定性差,极易消泡。

（5）复合型发泡剂

由于每种发泡剂都存在各自的缺点，影响着它们的应用和推广。因此，近年来，为了弥补发泡剂的不足，人们制成了各种复合型发泡剂。其复合方法主要包括添加功能法、增效法、互补法及协同法。其中，使用最多的是添加功能法，即为了满足某一方面功能的不足，向发泡剂中添加特定的外加剂。市场上常见的复合型发泡剂大多以动植物蛋白型发泡剂为基础复合而成。这种复合型发泡剂易溶于水，发泡能力高，泡沫稳定性好，产生的泡沫密实均匀，但成本较高，而且市场上的复合型发泡剂也是良莠不齐，故应用没有动植物蛋白型发泡剂广泛。

2）化学发泡剂

化学发泡剂是指能通过与其他物质发生化学反应或通过自身在一定温度下裂解产生气体的一类化学物质。化学发泡剂可分为热解型化学发泡剂和反应型化学发泡剂。热解型化学发泡剂在常温下一般较稳定，只有当其加热到一定温度后才会自身裂解产生气体。广义的反应型化学发泡剂多达几百种，而狭义的反应型化学发泡剂约有几十种，这些狭义的发泡剂一般不需要催化条件，产气量大，发泡速度适中。在这些狭义的反应型化学发泡剂中，真正能用于水泥发泡的却不多。用来制备泡沫混凝土化学发泡剂是一类专用发泡剂，其发泡原理与普通化学发泡剂相比没太大区别，但它们产生的泡沫可融入胶凝材料，并能最终凝结成气孔结构。

这些用于制备泡沫混凝土的专用化学发泡剂按其化学成分，可分为以下三大类：

①镁粉、铝粉、铁粉、锌粉及钡粉等活泼金属，可与水的反应产生气体。例如，镁粉与水的反应式为

$$Mg + 2H_2O \longrightarrow Mg(OH)_2 + H_2 \uparrow \qquad (1.1)$$

②碳化钙、双氧水和过碳酸钠等单一化合物类可单独与水发生化学反应，有的也可与其他化学物质反应产生气体。例如，碳化钙既可与双氧水在碱性条

件下反应生成氢气,也可与水反应产生乙炔气体。碳化钙与水的反应式为

$$CaC_2 + 2H_2O \longrightarrow Ca(OH)_2 + C_2H_2 \uparrow \qquad (1.2)$$

③有些化学发泡剂不能与水反应,必须与其他化合物复合使用。例如,碳酸氢钠与酸反应产生二氧化碳气体。其反应式为

$$HCl + NaHCO_3 \longrightarrow NaCl + H_2O + CO_2 \uparrow \qquad (1.3)$$

1.3.3 发泡剂的应用

1)发泡剂在矿物和石油开采领域的应用

在恶劣的地势下采矿容易受阻,使矿物的开采率和开采效率都不高,而发泡剂以其低密度和高弹性模量的优势在采矿领域占据一席之地。同样,在石油开采领域,应用泡沫钻井技术可大大提高石油的开采率,减少对环境的污染。

2)发泡剂在塑料橡胶中的应用

发泡剂可通过发泡产生大量气体,在塑料和橡胶中引入发泡剂使其发泡产生大量气体可形成多孔结构,降低其密度,提高其隔音和隔热性能。

3)发泡剂在墙体砌块的应用

我国建筑结构中应用最多的是框架结构。在框架结构中,用实体砖墙填充太过于浪费,不利于环保,故现在大都使用砌块填充。在砌块中引入发泡剂,可使其变得轻质、隔音、保温隔热,并可大大降低原材料使用,降低成本。加入发泡剂后的砌块的保温隔热时间更长,在南方广泛用作隔热层,在北方广泛用作保温墙体的砌筑。

4)发泡剂在泡沫混凝土中的应用

将发泡剂加入水泥浆中,可制备成含有大量气孔结构、轻质高强的泡沫混凝土。这样,不但节约了水泥用量,而且降低自重,节约了资源,又利于环保。近年来,发泡剂已广泛应用于泡沫混凝土领域,并形成了较为完整的技术体系。

1.4　泡沫混凝土国内外研究现状

1.4.1　发泡剂的研究现状

Savoly 等用烷基醚硫酸盐和烷基硫酸盐合成了一种表面活性剂类发泡剂,并将其应用于石膏板等墙体材料中。Sommer 等用烷基磺酸盐、聚氯乙烯、聚丙烯酸醋及藻酸盐这 4 种物质合成了一种有机发泡剂。在这种发泡剂中,烷基磺酸盐占的比例最大,约占发泡剂质量分数的 45%,这种有机发泡剂被用于屋面装饰和地面涂层。IshiJima 等将铝粉与 $R(OA)_mPO_4R_1R_2$ 混合,研制出水分散性铝粉浆体,这浆体可作为发泡剂使用。Raul 等对油菜籽蛋白质水解产物用烷基氯进行改性后制备出了稳定的泡沫。Horiuchi 等通过对蛋白质进行酶催化修饰成功研制出一种发泡剂,并进一步研究了这种发泡剂产生的泡沫与分子结构之间的关系。Ram 等和 Kell 等分别通过向发泡剂中加入水溶性高分子物质和阳离子表面活性剂来提高泡沫的稳定性。Martin 和 Winnik 分别探究了蛋白质的网状结构和表面活性剂的烷基链长度对发泡剂产生的泡沫性能影响。

尚红霞等先用阴离子表面活性剂 A 和非离子表面活性剂 B 合成了 AB 型复合发泡剂,然后用 AB 型复合发泡剂、防腐剂、稳泡剂及水研制成了一种用于制备泡沫混凝土砌块的发泡剂,并使用此发泡剂成功制备出了干密度为 853 kg/m^3、抗压强度为 2.5 MPa 和吸水率为 21.8% 的泡沫混凝土砌块。中国建材研究院与玉湖新材料科技开发有限公司联合研制出了一种白色粉状憎水型发泡剂,这种发泡剂发泡速度快,产生的泡沫稳定时间长,泡沫孔径较小,且有利于提高泡沫混凝土的憎水性。刘永兵等和赵晓东等都合成了阴离子型发泡剂。王容沙等用两性离子型、阴离子型和非离子型表面活性与稳泡剂复合研制出了一种性能优良的发泡剂。王翠花等通过水解牛蹄角得到了一种蛋白型发泡剂,并通过添加外加剂改善泡沫的性能。郭平等用十二烷基二甲胺氧化物、十二烷基磺酸钠和聚乙烯醇这 3 种物质合成了 COM 型发泡剂。马秋等研究发现,改性硅树脂聚醚乳液加入发泡剂中可有效提高泡沫液膜的自修复能力和弹性,从而提高液膜的承压能力。

1.4.2 泡沫混凝土国内外发展历程

泡沫混凝土最早起源于 5 000 多年前的古埃及,人们将空气引入一些天然物质,制成了多孔材料。古罗马人于 2 000 多年前发现动物血液加入混凝土中能持久产生气泡。其实,真正意义上的泡沫混凝土起源于 19 世纪,最早用于制备泡沫混凝土的方法是化学发泡法,人们利用 $NaCO_3$ 与 HCl 溶液反应生成 CO_2 的原理制备泡沫混凝土。1923 年,欧洲人首次提出将预制气泡与水泥浆体混合来制备多孔混凝土的新方法。1946—1958 年,苏联在泡沫混凝土领域占据领先位置,并在此期间制订了一系列有关泡沫混凝土的规范。1954 年,Valore 详细研究了泡沫混凝土的组分和物理性能,并总结了其应用范围。1967 年,Cormick 等首次提出了泡沫混凝土配合比设计的方法,即通过计算固体容积确定配合比的方法。1979 年,美国研究人员将泡沫混凝土应用于油田固井,拓宽了泡沫混凝土的应用范围。1996 年,Pickford 等开始尝试在桥梁工程中应用泡沫混凝土。1998 年,韩国的研究人员 Byun 等尝试用聚合物作为发泡剂制备泡沫混凝土。2001 年和 2002 年,Kearsley 和 Wainwright 探究了分级的粉煤灰和未分级的粉煤灰对泡沫混凝土抗压强度、孔结构和渗透性的影响及区别。2004 年,新加坡的研究人员 Kong 等开始尝试制备高强度泡沫混凝土,想尝试将其用于结构中。

我国泡沫混凝土的发展开始于 20 世纪中叶,苏联专家把泡沫混凝土技术传入中国。1952 年中国开始正式研制泡沫混凝土,并在此时成立了以黄兰谷为首的泡沫混凝土实验中心。1954 年中国科学院与其他单位共同制备出蒸压泡沫混凝土板,并将其用作保温墙板。1955—1957 年,原水电力部成功地将泡沫混凝土应用于高温管道中,可耐受 200~500 ℃ 的温度,提高了管道的保温性能。1959 年以后,我国泡沫混凝土发展缓慢,几乎停滞不前,远远地落后于其他国家。改革开放以后,我国泡沫混凝土重新得到重视,掀起了又一股发展热潮。我国于 2007 年制订了一系列有关泡沫混凝土的图集,泡沫混凝土开始朝着规范化发展。2010 年,我国开始制备超轻泡沫混凝土,再次拓宽了泡沫混凝土的应用。

1.4.3　泡沫混凝土国内外研究现状

Falliano 等探究了固定水灰比下,两种蛋白型发泡剂和一种合成型发泡剂对泡沫混凝土抗压强度的影响,研究发现水灰比与发泡剂的性质有很强的相关性和依存性。当水灰比为 0.3 时,由蛋白型发泡剂制备的泡沫混凝土的抗压强度高于合成型发泡剂制备的泡沫混凝土。Panesar 分别用一种合成型发泡剂和两种蛋白型发泡剂制备了泡沫混凝土,他发现蛋白型发泡剂制备的泡沫混凝土的孤立球形气孔更小,连通孔更少。Davraz 等利用蛋白发泡剂制备了泡沫混凝土,并探索了超声脉冲速度泡沫混凝土导热系数的关系,发现用超声脉冲速度法可近似估计出导热系数值。Tian 等用动物蛋白发泡剂制备了磷石膏基泡沫混凝土,发现磷石膏基泡沫混凝土的容重和抗压强度与泡沫含量呈线性关系。Chen 等利用一种有机发泡剂探了了粉煤灰在制备泡沫混凝土中的作用,发现粉煤灰含量对密度影响不大,但会延长凝结时间。Sun 等研究了合成表面活性剂、植物表面活性剂和动物血胶基表面活性剂对泡沫混凝土性能的影响,发现合成表面活性剂制备的泡沫混凝土具有较高的抗压强度和较小的干燥收缩。大连理工大学的李文博对比了植物型、动物型和复合型 3 种发泡剂产生的泡沫性能及其制备的泡沫混凝土的物理性能,经过成本和性能综合分析后,认为复合型发泡剂最适合制备泡沫混凝土。南京航空航天大学的李浩然制备出 GL-1 型和 GL-2 型两种性能优越的发泡剂,研究表明 GL-1 型发泡剂虽具有较好的稳定性,但容易受温度影响,而 GL-2 型发泡剂即使在 40 ℃ 温度下仍具有较高的稳定性,适合用来制备道路基层用泡沫混凝土。牛云辉等研究了动物蛋白、植物蛋白和合成型发泡剂对泡沫混凝土性能的影响,发现合成型发泡剂发出的泡沫与水泥浆的相容性较差,导致泡沫混凝土有较多的连通孔,动物蛋白型发泡剂制备的泡沫稳定性最好,制备的泡沫混凝土性能最优。乔欢欢和李军在传统发泡剂的基础上引入一种矿物发泡剂,并探究了对泡沫混凝土的影响,研究发现矿物发泡剂的引入有助于促进早期水化产物的形成。

Abdullah 等对地聚合物体系制备泡沫混凝土做了可行性研究,他们将粉煤灰与由水玻璃和氢氧化钠溶液配制成混合物,在这混合物中引入泡沫制备成泡沫混凝土,并对比了不同养护温度下的泡沫混凝土的性能,研究发现高温 60 ℃下养护可促进地聚合物固化速率,从而使泡沫混凝土结构更致密。Xu 等采用化学发泡法制备了新型粉煤灰基地聚合物泡沫混凝土,并研究了发泡剂、稳泡剂和发泡温度对地聚合物泡沫混凝土干密度、流动性、抗压强度、导热系数及毛细吸水率的影响,研究发现这种泡沫混凝土疏松多孔,而且其干密度、抗压强度和导热系数与孔隙结构参数有较好的相关性。Yue 和 Chen 制备了低密度的新型轻质磷酸镁水泥基泡沫混凝土,发现这种轻质泡沫混凝土具有较高的比强度和较低的导热系数。Boke 等以南非 F 级粉煤灰、氢氧化钠(NaOH)和新型发泡剂次氯酸钠(NaOCl)为原料,在略高于 90 ℃的温度下合成了泡沫地聚合物,该合成方法具有控制发泡的优点,可使含 NaOCl 的混合胶凝浆料在室温下稳定至少 1 h,从而避免了成型前浆料过早起泡的问题。Sugama 等用磷铝酸钙(CaP)水泥和化学发泡剂制备了一种具有高抗压强度和低孔隙率的地热井用空气泡沫水泥。青岛理工大学的杨保先用水玻璃作为激发剂,以碱矿渣为胶凝材料制备了碱矿渣泡沫混凝土,并用正交试验探究了碱当量、溶胶比和矿渣掺量系数对碱矿渣泡沫混凝土性能的影响,研究发现这 3 个因素对性能影响的主次顺序为碱当量>溶胶比>矿渣掺量系数。黄政宇等用硅酸盐-硫铝酸盐水泥混合水泥体系制备了超轻泡沫混凝土,并与纯硅酸盐水泥基泡沫混凝土和纯硫铝酸盐水泥基泡沫混凝土性能进行了比较,发现混合水泥体系制备的泡沫混凝土硬化更快,抗压强度更高,导热系数更低。Feng 等以粉煤灰和水玻璃为原料,过氧化氢

（H_2O_2）为发泡剂，制备了多孔粉煤灰基地聚合物材料，研究发现当热养护温度为 55 ℃、水玻璃钠含量为 80 g、H_2O_2 含量为 6 g 时制得的多孔材料性能最好，其孔隙率为 79.9%，导热系数为 0.0744 W/（m·K），抗压强度为 0.82 MPa，可用作保温材料。

1.5 添加剂对新型泡沫混凝土性能影响研究现状

1.5.1 添加剂种类、特性及作用

泡沫混凝土添加剂包括矿物掺合料、脱硫石膏灰、纤维、细砂、增稠剂及防水剂等。其主要特点是调控泡沫混凝土力学韧性、导电、吸波、阻尼减振及防水等性能。

1.5.2 掺添加剂泡沫混凝土基本性能研究现状

1）不同矿物掺合料对泡沫混凝土性能影响

Ozlutas 在超轻泡沫混凝土领域做了大量实验，发现掺有粉煤灰的泡沫混凝土的微观结构随着时间的推移变得更致密。Sun 等探究了粉煤灰对多孔混凝土的热性能和机械性能的影响，多孔混凝土的发现，其早期强度与粉煤灰掺量的增加显著降低，但其后期强度随着粉煤灰掺量的增加而增加，最终制备出抗压强度为 4.37 MPa、导热系数为 0.116 W/（m·K）的泡沫混凝土。She 等使用粉煤灰和细砂制备泡沫混凝土，研究发现粉煤灰可改善泡沫混凝土浆体的和易性，提高泡沫混凝土的力学性能和抗冻性，但会使吸水率与干缩值增大。他们还发现，同时掺砂和粉煤灰的泡沫混凝土的抗压强度高于单独掺粉煤灰的泡沫混凝土。Chindaprasirt 和 Rattanasak，以及 Roslan 等研究表明，粉煤灰可发挥其微集料效应，使硅酸盐水泥基泡沫混凝土的结构更致密，从而有利于降低其干

缩值。Batool 等用粉煤灰、硅灰和偏高岭土部分替代水泥,并探究了它们对泡沫混凝土的导热系数的影响,研究发现硅灰在降低泡沫混凝土的导热系数方面效果最好。杭美艳和杨冉对比了单掺粉煤灰、单掺矿渣粉和复掺粉煤灰与矿渣粉这 3 种体系下泡沫混凝土性能的差异,研究发现当粉煤灰与矿渣粉复掺比例为 2 : 3 时,可增加泡沫混凝土的抗压强度,降低体积吸水率,有效地改善孔结构减少连通孔,但却增大了导热系数。相比其他两种体系,单掺粉煤灰体系下的泡沫混凝土导热系数最低。蒋俊等对比研究了粉煤灰和矿粉对泡沫混凝土硬化性能的影响,研究表明二者取代水泥都增大了气孔孔径,但对导热系数都没有明显影响,其中矿粉可有效提高泡沫混凝土的抗压强度。倪倩探究了石灰石、石膏、粉煤灰及矿渣对高铝水泥基泡沫混凝土的影响,研究表明它们的最佳掺量分别为 10% ,15% ,5% ,5% ,并且在此掺量下制备的泡沫混凝土与单独高铝水泥制备的泡沫混凝土相比有更高的强度,更低的吸水率和干燥收缩。田甜对比研究了磷石膏-水泥-矿渣体系和磷石膏-水泥-粉煤灰体系下制备的泡沫混凝土的性能,研究表明前者制备的泡沫混凝土结构密实度更大,抗碳化性能更优。张启研究发现,泡沫混凝土中掺入硅灰后,能有效地提高早期强度,并改善塌膜现象。

2)脱硫石膏灰组分对泡沫混凝土性能影响

随着我国炼油行业加工进口中东等地区高含硫原油数量的增加,石化炼油行业采用石灰粉脱硫技术生成的脱硫胶灰渣(PCDAD)副产品已占到石油焦总产量的 25% ~30% 。PCDAD 主要成分为无水石膏和过剩的石灰。这两种矿物分别是生产水泥时的重要原料与调凝组分,具有良好的胶凝特性,尤其是磨细之后。罗健林等可将磨细 PCDAD 用作泡沫混凝土的浆料调凝组分,将 PCDAD 用作发泡混凝土浆料的促凝剂,以提高泡沫在料浆中的稳定性,同时实现 PCDAD 这种固体废弃物资源化回收利用的环保效益。

3)纤维组分对泡沫混凝土性能影响

Khan 研究发现,聚丙烯纤维(PP)可提高泡沫混凝土的抗弯强度和抗拉强度,但对抗压强度没有影响,而玄武岩纤维可大幅度提高泡沫混凝土的抗压强度、抗弯强度和抗拉强度,性能优于聚丙烯纤维。Falliano 等探究了聚合物纤维对泡沫混凝土抗压强度和抗拉强度的影响,研究发现纤维含量的增加有利于提高泡沫混凝土的抗拉强度,但对抗压强度几乎没有影响。Yakovlev 等、Luo 等、Li 等及 Prabha 等将碳纳米管(CNTs)引入泡沫混凝土,并探究其对泡沫混凝土性能的影响,研究发现 CNTs 可提高泡沫混凝土浆体的稳定性,增强泡沫混凝土的强度,改善孔隙结构。林涛研究发现,纤维能抑制泡沫混凝土早期收缩,提高泡沫混凝土的强度,且混杂掺入纤维的效果要优于单独掺入玄武岩纤维。吴潜等研究发现,将聚丙烯纤维与玻璃纤维复掺入泡沫混凝土,可明显提高泡沫混凝土的抗折强度,但不利于改善其保温性能。白光等研究了聚乙烯醇(PVA)纤维对碱矿渣泡沫混凝土性能的影响,研究表明 PVA 纤维对碱矿渣泡沫混凝土干密度无明显影响,改善了碱矿渣泡沫混凝土的韧性,提高了其抗折强度和折压比,降低了干燥收缩。

同时,一方面,基于气泡的引入可有效降低混凝土密度与声阻抗,使发泡混凝土及制品与空气声阻抗相匹配;另一方面,基于导电纳米纤维 CNT 具有良好的多重散射/界面极化效应,进而能在宽频带将电磁波有效转换成热能耗散掉,综合实现与空气声阻抗相匹配与微波吸收性能、防电磁波干扰效能。

1.5.3 掺防水剂泡沫混凝土制品防水处理研究现状

Ma 和 Chen 将三甲基硅醇钾、硬脂酸钙和硅氧烷基聚合物这 3 种粉状憎水剂引入泡沫混凝土中,并探究了憎水剂对干密度为 550 kg/m^3 的泡沫混凝土抗压强度、导热系数、吸湿性及吸水性的影响,研究发现憎水剂的加入可在不影响保温性能的前提下提高泡沫混凝土的抗压强度,随着憎水剂掺量增加泡沫混凝土的吸水率不断降低,其中硅氧烷基聚合物的憎水效果最好,当其掺量为 1.0%时,泡沫混凝土的体积吸水率可降至 2.5%。Nambiar 和 Ramamurthy 专门研究了泡沫混凝土的吸附特性,认为泡沫混凝土的吸附取决于填料类型、密度、孔隙结构以及渗透机理。丁曼将硬脂酸锌乳液、石蜡微乳液和硅氧烷溶液 3 种防水剂内掺入泡沫混凝土中,提高其防水性,研究表明硬脂酸锌乳液对水化速度影响最大,对抗压强度不利,但掺入硬脂酸锌乳液的泡沫混凝土吸水率最低;石蜡微乳液也有较好的防水性,且对抗压强度影响不大;硅氧烷溶液虽然提高了泡沫混凝土的抗压强度,但其防水性较差。胡璐将乳液型有机硅和甲基硅酸盐型有机硅分别涂刷在对纯水泥泡沫混凝土、掺有粉煤灰的泡沫混凝土和掺有矿渣的泡沫混凝土表面,并探究了吸水率和抗压强度的差异,研究表明 3 种泡沫混凝土涂刷乳液型有机硅后抗压强度有所提高,且吸水率都降低很明显,而甲基硅酸盐型有机硅能提高纯水泥泡沫混凝土的抗压强度,降低其吸水率。王野和慕明晏探究了有机硅乳液和石蜡乳液外掺泡沫混凝土防水性能和抗压强度的影响,掺入石蜡乳液的泡沫混凝土不但防水性能提高,而且强度损失率降低,而掺入有机硅乳液的泡沫混凝土虽然抗压强度提高了,但其防水性较差。张磊蕾和王武祥对比了内掺憎水剂或有机硅防水剂的泡沫混凝土以及外涂有机硅防水剂的泡沫混凝土的吸水率,结果表明内掺憎水剂的泡沫混凝土吸水率最低,内掺有机硅的次之,外涂有机硅的泡沫混凝土吸水率最高。单星本和朱卫中将硅氧烷基类、硬脂酸盐类和有机硅类 3 种类型的憎水剂掺入泡沫混凝土中,结果表明掺有硬脂酸盐类憎水剂的泡沫混凝土吸水率最低。于宁等探究了硅氧烷基防水剂、有机硅类防水剂和胶粉基防水剂对密度低于 300 kg/m³ 的超轻泡沫混凝土的防水性能的影响,研究发现不同种类和掺量的防水剂对泡沫混凝土防水性能影响的差异较大,其中硅氧烷基防水剂的防水性能最好,胶粉基防水剂的防水性能最差。

1.6 研究内容及主要创新点

1.6.1 本书研究内容

本书主要介绍了泡沫混凝土发展状况、泡沫混凝土组成材料特点,不同发泡工艺及泡沫性能评价方法,固废基胶凝材料新型泡沫混凝土制备工艺,以及粉煤灰/脱硫石膏灰、纳米材料、表面防水剂等掺合料或添加剂对新型泡沫混凝土(多功能型泡沫混凝土、固废基泡沫混凝土、纳米混凝土)微观结构影响,并系统分析了相应新型泡沫混凝土的基础物化性能、收缩性能、阻尼减振性能、保温防水性能及吸波性能。

1.6.2 本书的主要创新点

本书在固废基高贝利特硫铝酸盐水泥胶凝材料应用,固废粉煤灰/脱硫石膏灰、纳米材料和表面防水剂对泡沫混凝土基础物化性能、收缩性能、阻尼减振性能、保温防水性能及吸波性能等的综合调控,以及在发展多功能型泡沫混凝土、固废基泡沫混凝土、纳米混凝土及性能拓展与提升等方面有较好的创新性。

第 2 章　不同发泡方案对泡沫性能和固废基超轻泡沫混凝土物理性能的影响

2.1　引　言

高贝利特硫铝酸盐水泥(HBSC)具有快凝快硬、微膨胀和早强高强等特性,能有效防止 HBSC 作为主要胶凝材料的超轻泡沫混凝土的塌膜现象,降低其干缩开裂,提高早期强度,然而 HBSC 价格居高不下,同时山东省作为资源大省,大宗固废亟待资源化、减量化。以石油焦渣、粉煤灰、电石渣等固废烧制出固废基 HBSC/GHBSC,符合绿色环保的理念,有利于可持续发展。

泡沫是用于制备泡沫混凝土的重要原料之一。泡沫的性能以及泡沫与胶凝材料浆体的相容性好坏都将直接影响泡沫混凝土的物理性能和孔结构。现在市面上的发泡剂各式各样,合成型的发泡剂较多,性能也参差不齐。即使有的发泡剂本身产生的泡沫稳定性较好,但在不同的胶凝材料体系中的相容性也各不相同,胶凝材料体系中不同掺合料、不同外加剂也会对掺入其中的泡沫造成不同的影响。另外,发泡剂的稀释比以及空压发泡机吸液阀的角度 α 都会对泡沫的稳定性以及制备的超轻泡沫混凝土的性能造成不同程度的影响。

本章选用了植物蛋白型发泡剂、动物蛋白型发泡剂和高分子复合型发泡剂这 3 种不同种类的发泡剂,通过改变发泡剂的稀释比和空压发泡机吸液阀的角度 α 来综合探究发泡剂类型、发泡剂稀释比和空压发泡机吸液阀的角度对泡沫稳定性能的影响。

　　试验采取 3 因素 3 水平的正交试验,并对实验结果进行极差分析和方差分析,旨在筛选出最优发泡方案用于后续试验。探究发泡剂类型、发泡剂稀释比和空压发泡机吸液阀的角度对以 GHBSC 为胶凝材料的固废基超轻泡沫混凝土(UHBFC)的物理性能和微观结构的影响。通过极差分析和方差分析来筛选出各因素的优水平,并探究影响 UHBFC 性能的因素主次顺序。

2.2　原材料与实验方案

2.2.1　固废基高贝利特硫铝酸盐水泥原料烧制

　　由本实验室烧制的 GHBSC 所用烧结原料中石油焦渣,购自中石化青岛炼油厂;Ⅱ级粉煤灰,购自华电青岛发电有限公司;电石渣,购自青岛海湾化学有限公司;铝矾土,购自巩义市万盈环保材料有限公司。通过 XRF(1800 型,日本 Shimadzu 公司生产)、XRD(D8 advance 型,德国 Bruker 公司生产)测得 4 种原料主要化学组成、主要矿物成分,如表 2.1、图 2.1 所示。

表 2.1　固废基高贝利特硫铝酸盐水泥烧制用 4 种原料的各化学组成／wt%

原材料	CaO	Al_2O_3	SiO_2	Fe_2O_3	SO_3	MgO	TiO_2	LOI
石油焦渣	52.93	0.96	4.56	1.13	30.12	2.03	0.00	7.48
Ⅱ-粉煤灰	7.86	27.45	52.56	4.24	1.26	1.12	0.99	1.73
电石渣	66.02	1.47	4.61	0.68	1.97	0.25	0.00	24.62
铝矾土	0.51	64.07	14.53	0.88	0.00	15.38	2.56	1.03

　　GHBSC 烧制过程分为 3 个流程:粉磨成型、预热烧结和冷却再粉磨。其具体过程如下:

　　①石油焦渣、Ⅱ级粉煤灰、电石渣及铝矾土均由水泥磨粉磨通过 80 μm 方孔

筛,按 1. 65∶1∶0. 4∶2. 5 生料配比混合均匀,放入特制成型钢模具中压制成 φ15mm×(15 ~ 20) mm 圆柱体试块。

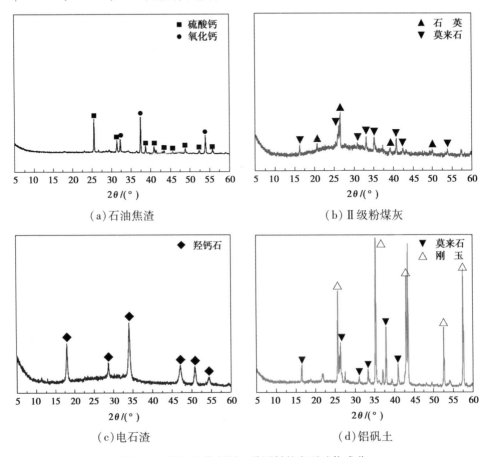

图 2.1　GHBSC 烧制用 4 种原料的主要矿物成分

②将试块先置于(105 ±5)℃的干燥箱中烘干至恒重,然后放入恒温至 (950±10)℃的高温管式炉内预热 30 min,再快速移入已恒温至(1 300±10)℃的 高温管式炉内煅烧 1 h。

③取出试样,吹风快冷,冷却后粉磨至通过 80 μm 方孔筛筛余小于 5% 即可。

通过 XRF,XRD 测得烧制 GHBSC 化学组成、熟料矿物比例,并与唐山北极 熊建材有限公司 42.5 级 HBSC 的对比情况见表 2.2。

表 2.2　烧制 GHBSC 与北极熊 HBSC 化学组成与熟料矿物组成对比/wt%

品种	化学组成						
	CaO	Al$_2$O$_3$	SiO$_2$	Fe$_2$O$_3$	SO$_3$	MgO	TiO$_2$
HBSC	50.67	18.24	15.75	1.68	13.58	0.00	0.00
GHBSC	46.75	18.24	14.13	2.47	12.93	2.30	0.60

品种	熟料矿物			
	C$_4$A$_3$S	β-C$_2$S	CS	C$_4$A$_{2.85}$Fe$_{1.5}$$\overline{\text{S}}$
HBSC	34.24	45.14	15.45	8.07
GHBSC	36.30	40.55	13.92	9.35

由表 2.2 不难看出,利用石油焦渣、粉煤灰、电石渣等多种固废及少量的低品位铝矾土协同制备出 7d 胶砂抗压强度达 48.0 MPa 的 42.5 级 GHBSC,固废综合利用率近 85%。

2.2.2　固废基超轻泡沫混凝土制备用其余原材料

42.5 型 GHBSC 水泥,实验室低温烧制;Ⅰ级粉煤灰,购自北京市电力粉煤灰工业公司,其化学成分见表 2.3;植物蛋白型发泡剂,购自石家庄乐然化工有限公司;动物蛋白型发泡剂,购自郑州鹏翼化工建材有限公司;高分子复合型发泡剂,购自广州浩峰化工有限公司,3 种发泡剂的技术指标见表 2.4;萘系高效减水剂,购自济南山海化工科技有限公司,其技术指标见表 2.5;水,采用自来水。

表 2.3　Ⅰ级粉煤灰的化学组成/wt%

SiO$_2$	Al$_2$O$_3$	Fe$_2$O$_3$	CaO	MgO	SO$_3$	f-CaO	LOI
60.98	24.47	6.70	4.90	0.68	0.52	0.58	1.17

表 2.4　3 种发泡剂的技术指标

品牌	pH 值	外观	分解温度/℃	密度/(kg·m⁻³)	有效物质含量/%
乐然	8.2	淡黄色液体	100	1.107	35
鹏翼	7.5	棕褐色液体	95	1.076	30
浩峰	8.0	无色液体	114	1.093	40

表 2.5　萘系磺酸盐高效减水剂的技术指标

名称	外观	固含量/%	净浆流动度/mm	硫酸钠含量/%	氯离子含量/%
萘系磺酸盐	棕褐色粉末	94.54	241.81	8.72	0.43

2.2.3　正交试验方案设计

试验选取发泡剂种类、稀释比和空压发泡机吸液阀角度 α 作为正交试验的 3 个因素,分别将植物蛋白型发泡剂、动物蛋白型发泡剂和高分子复合型发泡剂命名为 PPF,APF,PCF,发泡剂稀释比分别取 1:20,1:30,1:40,空压发泡机吸液阀角度 α 分别取 30°,45°,60°。试验中的其他变量控制不变,水胶比为 0.45,粉煤灰占胶凝材料质量的 15%,泡沫掺量占胶凝材料质量的 16%,萘系高效减水剂占胶凝材料质量的 0.6%。正交试验的因素和水平表与 $L_9(3^3)$ 配合比正交试验列阵分别见表 2.6 和表 2.7。

发泡机外形与内部构造如图 2.2 所示。发泡机的发泡过程如下:高压空气和稀释后的发泡剂溶液将分别通过空压机和柱塞泵压入填满钢丝球的混泡管,空气和发泡剂溶液快速通过钢丝球产生泡沫。在此过程中,空压机的压力恒定为 0.5 MPa,通过空压机压入混泡管的空气量也保持恒定,通过调节角度 α 可改变柱塞泵的压力从而调节吸入混泡管的发泡剂溶液的量。α 越小柱塞泵的压力越大,吸入的发泡剂溶液也就越多。

（a）发泡机外形图　　　　　（b）空压发泡机内部构造图

图 2.2　发泡机外形与内部构造

1—除泡管;2—吸液管;3—引气管;4—吸液控制阀;

5—压力表调节阀;6—卸压阀门;7—压力表

表 2.6　因素和水平表

因素	水　平		
	发泡剂种类(A)	发泡剂稀释比(B)	发泡机吸液阀角度 α(C)
1	PPF	1:20	30°
2	APF	1:30	45°
2	PCF	1:40	60°

表 2.7　$L_9(3^3)$ 配合比正交试验列阵

因素	组　别		
	发泡剂种类(A)	发泡剂稀释比(B)	发泡机吸液阀角度 α(C)
d_1	PPF	1:20	30°
d_2	PPF	1:30	45°
d_3	PPF	1:40	60°
d_4	APF	1:20	45°
d_5	APF	1:30	60°

续表

因素	组　别		
	发泡剂种类(A)	发泡剂稀释比(B)	发泡机吸液阀角度 α(C)
d_6	APF	1:40	30°
d_7	PCF	1:20	60°
d_8	PCF	1:30	30°
d_9	PCF	1:40	45°

2.2.4　泡沫性能表征

泡沫性能的测试参照标准《泡沫混凝土》（JG/T 266—2011）。泡沫的性能将采用专用的泡沫测定仪测定（见图2.3）。首先称量已知体积的广口塑料容器的质量,然后测试配制好的发泡剂溶液的密度,再启动发泡机开始发泡,待到泡沫呈柱状均匀稳定地从出泡管喷出时开始取泡沫,可将出泡管直接插入广口塑料容器底部使泡沫喷满容器,关闭发泡机,将容器中多余的泡沫抹去刮平。称取泡沫和容器的总质量,可通过式(2.1)和式(2.2)计算泡沫的密度和发泡倍数,即

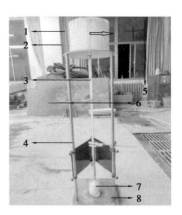

图2.3　泡沫测定仪

1—广口塑料容器;2—托盘;
3—玻璃导管;4—钢制支架;
5—薄铝片;6—导管夹;
7—塑料杯;8—基座

$$\rho_F = \frac{M_总 - M_容}{V_F} \times 1\,000 \tag{2.1}$$

$$\beta_F = \frac{V_F}{\dfrac{M_总 - M_容}{\rho_液}} \tag{2.2}$$

式中　ρ_F——泡沫的密度,kg/m³;

$M_总$——泡沫和容器的总质量,g;

$M_容$——广口塑料容器的质量,g;

V_F——容器中泡沫的体积,mL;

β_F——发泡剂的发泡倍数;

$\rho_液$——按比例稀释好的发泡剂溶液的密度,g/mL。

　　称量完后,将盛有泡沫的广口塑料容器放在泡沫测定仪上,并在泡沫上方压上铝制薄片开始测试泡沫的 1 h 泌水量和 1 h 沉降距。

2.2.5　超轻泡沫混凝土物理性能表征

1)干密度测试

UHBFC 干密度的测试参照标准《泡沫混凝土》(JG/T 266—2011)。将养护完成的尺寸为 100 mm×100 mm×100 mm 的 UHBFC 试块放入真空干燥箱中(见图 2.4(a)),将温度设定为(55± 5)℃,使 UHBFC 烘干至前后 4 h 质量差不超

(a)真空干燥箱　　　　　　　　　(b)万能压力试验机

图 2.4　干密度及抗压强度测试仪器

过 1 g(下同)。通过式(2.3)计算 UHBFC 的干密度,每组测量 3 个试块,取其平均值作为该组 UHBFC 的干密度,即

$$\rho_d = \frac{M_0}{V_0} \times 10^6 \tag{2.3}$$

式中　ρ_d——UHBFC 的实测干密度，kg/m^3；

　　　M_0——UHBFC 烘干后的质量，g；

　　　V_0——UHBFC 试块的体积，mm^3。

2）抗压强度测试

养护完成的尺寸为 100 mm×100 mm×100 mm 的 UHBFC 试块，在(55±5)℃的真空干燥箱烘干后，可进行抗压强度测试。抗压强度测试参照标准《泡沫混凝土》(JG/T 266—2011)进行。测试前，将万能压力试验机(见图 2.4(b))的加载速度设定为 0.1 kN/s，避免因加载速度过快使得实测强度过高。加载前，应将试块的中心与加压板的中心对准；加压时，应连续加载，并在破坏后记录最大荷载值，每组测试 3 个试块，取其平均值作为最后实际抗压强度。UHBFC 的抗压强度按式(2.4)计算，比强度按式(2.5)计算，即

$$f_{cu} = \frac{F_0}{A_0} \tag{2.4}$$

$$f_{ss} = \frac{f_{cu}}{\rho_d} \tag{2.5}$$

式中　f_{cu}——UHBFC 试块的抗压强度，MPa；

　　　F_0——UHBFC 试块加载过程中的破坏荷载，kN；

　　　A_0——UHBFC 试块的受压面积，m^2；

　　　f_{ss}——UHBFC 试块的比强度，N·m/kg；

　　　ρ_d——UHBFC 的实测干密度，kg/m^3。

3）导热系数测试

UHBFC 导热系数的测定参照标准《绝热材料稳态热阻及有关特性的测定防护热板法》(GB/T 10294—2008)。将烘干后的尺寸为 300 mm×300 mm×35 mm 的试块放在平板导热系数测定仪(见图 2.5(a))的冷板和热板之间并夹紧。将仪器的初始稳定时间和记录时间分别设定为 120 min 和 30 min，冷板和热板的温度分别设定为 15 ℃和 35 ℃，试件厚度设定为 35 mm，设定完成后开始测

试。测试开始 120 min 后达到稳定状态,此时点击开始记录,再过 30 min,数据记录完成得到平均热传导率。根据式(2.6)计算 UHBFC 试件的导热系数,每组测试 3 个试件,取其平均值作为该组 UHBFC 的导热系数,即

$$k_c = \frac{\varphi d}{S \Delta T} \tag{2.6}$$

式中　k_c——UHBFC 试件的导热系数,W/(m·K);

φ——UHBFC 试件测试完后的平均热传导率,J/s;

d——UHBFC 试件的厚度,mm;

S——UHBFC 导热系数测试过程中的采集面积,m²;

ΔT——冷板和热板之间的温差,℃。

(a)平板导热系数测定仪　　　　　(b)振动磨

图 2.5　导热系数及孔隙率测试仪器

4)孔隙率测试

UHBFC 的孔隙率采取体积排液法测定。在烘干后的试块上切取尺寸约为 30 mm×30 mm×30 mm 的 UHBFC 试块压碎,并将碎块并放入振动磨(见图 2.5 (b))中充分研磨 3 min,使之呈粉末状态。然后在高精度的量筒中倒入一定量的酒精溶液(选用酒精溶液可避免与粉末发生反应),并记录此时的液面的读数。然后将研磨后的粉末倒入量筒中,立即读取液面上升后的读数。试块的孔隙率按式(2.7)计算,每组取 3 个体积相等的试块,并以测试的平均值作为试块

的孔隙率,即

$$\varepsilon = 1 - \frac{V_3 - V_2}{V_1} \tag{2.7}$$

式中　ε——UHBFC 试块的孔隙率,%;

　　　V_1——切取试块的实测体积,mm^3;

　　　V_2——量筒中酒精液面的初始值,mm^3;

　　　V_3——加入 UHBFC 粉末后的酒精液面读数,mm^3。

5)体积吸水率测试

体积吸水率的测试方法参照标准《泡沫混凝土》(JG/T 266—2011)。将 UHBFC 试块烘干后称量其干质量并记录,待其冷却至室温后放入水槽中,并在试件上部附压重物防止加水后上浮。首先加水至 UHBFC 试件的 1/3 高度浸泡 24 h,然后加水至试件的 2/3 高度浸泡 24 h,最后加水至超出试件高度 30 mm 浸泡 24 h。浸泡完成后,将试件取出,并将试件表面的水用干抹布擦干净,然后立即称取其质量。UHBFC 的吸水率可按式(2.8)计算,每组测试 3 个试块,取其平均值作为该组 UHBFC 的吸水率,即

$$W = \frac{M_1 - M_0}{V_0 \rho_1} \tag{2.8}$$

式中　W——UHBFC 的吸水率,%;

　　　M_0——试块浸泡前的干质量,g;

　　　M_1——试块浸泡 3 d 后的质量,g;

　　　V_0——用于测试吸水率试块的体积,mm^3;

　　　ρ_1——用于浸泡试块的水的密度,g/mm^3。

6)微观结构表征方法

UHBFC 的微观孔结构以及水化产物形貌通过扫描电镜(SEM,见图 2.6 (a))观察,UHBFC 水化产物的成分通过 X 射线衍射仪(XRD,见图 2.6(b))测定。

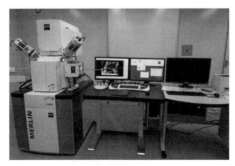（a）扫描电子显微镜（SEM）　　（b）X 射线衍射仪（XRD）

图 2.6　微观结构观测仪器

2.3　泡沫性能分析

根据表 2.1 和表 2.2 的正交试验方案所测得的泡沫的密度、发泡倍数、1 h 沉降距及 1 h 泌水量 4 项泡沫性能见表 2.8。针对这 4 项泡沫性能的极差分析见表 2.9—表 2.12。

表 2.8　正交试验得到的 4 项泡沫性能结果

组别	泡沫密度 /(kg·m^{-3})	发泡倍数	1 h 沉降距 /mm	1 h 泌水量 /mL
d_1	53.7	18.6	19	120
d_2	60.5	16.5	28	130
d_3	35.8	27.9	11	130
d_4	53.7	18.6	40	150
d_5	38.0	26.3	25	150
d_6	71.1	14.1	45	260
d_7	33.4	29.9	9	35
d_8	56.1	17.8	15	100
d_9	55.7	17.9	12	80

表 2.9　泡沫密度的极差分析表

项目	发泡剂种类(A)	发泡剂稀释比(B)	$\alpha(C)$
K_1	50.0	46.9	60.3
K_2	54.2	51.5	56.6
K_3	48.4	54.2	35.7
极差	5.9	7.3	24.6
优水平	3	1	3
因素主次顺序	$C>B>A$		

表 2.10　发泡倍数的极差分析表

项目	发泡剂种类(A)	发泡剂稀释比(B)	$\alpha(C)$
K_1	21.0	22.4	16.8
K_2	19.7	20.2	17.7
K_3	21.9	19.9	28.0
极差	2.2	2.4	11.2
优水平	3	1	3
因素主次顺序	$C>B>A$		

表 2.11　1 h 沉降距的极差分析表

项目	发泡剂种类(A)	发泡剂稀释比(B)	$\alpha(C)$
K_1	18	20.7	23.7
K_2	35.3	21.7	14.7
K_3	11	22.0	11.3
极差	24.3	1.3	11.3
优水平	3	1	3
因素主次顺序	$A>C>B$		

表2.12　1 h泌水量的极差分析表

项目	发泡剂种类(A)	发泡剂稀释比(B)	α(C)
K_1	126.7	101.7	160
K_2	186.7	126.7	120
K_3	71.7	156.7	105
极差	115	55	55
优水平	3	1	3
因素主次顺序	$A>C>B$		

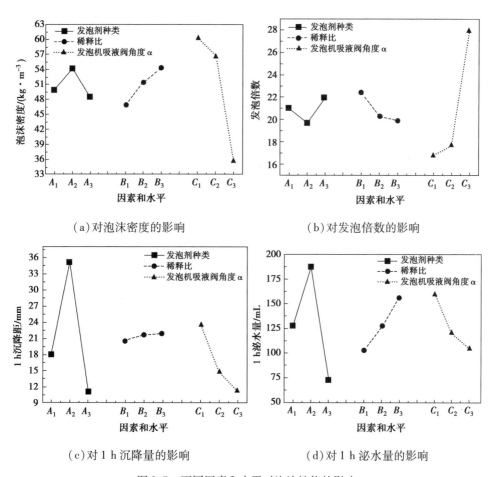

（a）对泡沫密度的影响　　　　（b）对发泡倍数的影响

（c）对1 h沉降量的影响　　　　（d）对1 h泌水量的影响

图2.7　不同因素和水平对泡沫性能的影响

由表2.8和图2.7可知,由高分子复合型发泡剂制备的泡沫的密度最低,发泡倍数最大,1 h沉降距和1 h泌水量最小,而由动物蛋白型发泡剂制备的泡沫的密度最大,发泡倍数最小,1 h沉降距和1 h泌水量最大。由植物蛋白型发泡剂制备的泡沫的4项性能都处于中间水平。这也充分说明了高分子复合型发泡剂的发泡能力最好,产生的泡沫稳定性也最好。由图2.7可知,随着发泡剂稀释比的增加,泡沫密度不断增加,而发泡倍数、1 h沉降距和1 h泌水量均呈现不同程度的降低。发泡剂依靠其较高的表面活性来降低液体的表面张力,并且可通过在液体膜表面设置双电子层来包围空气形成气泡。随着发泡剂稀释比的增大,发泡剂溶液浓度降低了,发泡剂的表面活性也降低了,液体表面张力过大难以起泡,泡沫中实际气泡量减少,气泡的平均泡径减小而未起泡的液体的含量较多,这就导致产生的泡沫的密度增加了,发泡倍数减小。泡沫中液体的增加使气泡壁变薄,气泡壁内部与外部压力差增大。因此,较短的时间气泡壁就容易破裂,能较长时间完整保存下来的气泡量较少,使泡沫短时间内会有大量水泌出,泡沫也很快会出现塌陷现象。随着 α 的增加,发泡机的发泡倍数大幅度增大,而泡沫密度、1 h沉降距和1 h泌水量均呈大幅度降低的趋势。通过改变 α 可调节柱塞泵的压力,从而改变吸入的发泡剂溶液的量。α 越大,则柱塞泵压力越小,压入混泡管的发泡剂溶液量越少,而空压机的压力恒定,压入的空气量恒定不变,这就导致最终从出泡管吹出的泡沫含水量降低,泡沫密度减小,发泡倍数增大。由于泡沫中气泡内部的含水量较少,与气泡外部可达到一个较为平衡的压力状态。因此,气泡稳定时间较长,短时间破裂的气泡数较少,故1 h沉降距和1 h泌水量较低。综合观察表2.8和图2.7可知,泡沫密度与发泡倍数呈相反的趋势,1 h泌水量和1 h沉降距呈相同的趋势。

2.4　固废基超轻泡沫混凝土物理性能结果与分析

为进一步探究不同种类的发泡剂、不同的发泡剂稀释比和不同的发泡机吸液阀角度 α 对所制备的 UHBFC 的影响，分别将 2.3 节中 9 组用于探究泡沫性能的泡沫按预先计算好的比例掺入胶凝材料浆体中制备 UHBFC，并探究其干密度、抗压强度、比强度、导热系数、导热系数、孔隙率及体积吸水率等物理性能。其结果见表 2.13。对干密度、比强度、导热系数、孔隙率及体积吸水率的极差分析见表 2.14—表 2.18。

表 2.13　正交试验下制备的 9 组 UHBFC 物理性能结果

组别	干密度 /($kg \cdot m^{-3}$)	抗压强度 /MPa	比强度 /($N \cdot m \cdot kg^{-1}$)	导热系数 /[$W \cdot (m \cdot K)^{-1}$]	孔隙率 /%	体积吸水率 /%
d_1	401	1.26	3 142.1	0.095 4	79.7	40.1
d_2	400	1.06	2 650.0	0.078 9	79.2	46.7
d_3	245	0.28	1 142.9	0.073 8	88.9	59.2
d_4	383	0.78	2 036.6	0.089 3	82.5	59.0
d_5	283	0.32	1 130.7	0.079 1	86.8	60.9
d_6	494	1.24	2 510.1	0.099 3	75.4	40.2
d_7	250	0.20	800.0	0.072 0	87.4	70.1
d_8	397	0.70	1 763.2	0.091 5	80.6	40.1
d_9	358	0.54	1 508.3	0.082 8	83.8	63.2

表 2.14　UHBFC 干密度的极差分析表

项目	发泡剂种类(A)	发泡剂稀释比(B)	$\alpha(C)$
K_1	348.7	344.6	430.7
K_2	386.7	360.0	380.3
K_3	335.0	365.7	259.3
极差	51.7	21.0	171.3
优水平	3	1	3
因素主次顺序	$C>A>B$		

表 2.15　UHBFC 比强度的极差分析表

项目	发泡剂种类(A)	发泡剂稀释比(B)	$\alpha(C)$
K_1	2 311.7	1 192.9	2 471.8
K_2	1 892.5	1 848.0	2 065.0
K_3	1 357.2	1 720.4	1 024.5
极差	954.5	272.5	1 447.3
优水平	1	2	1
因素主次顺序	$C>A>B$		

表 2.16　UHBFC 导热系数的极差分析表

项目	发泡剂种类(A)	发泡剂稀释比(B)	$\alpha(C)$
K_1	0.082 7	0.085 6	0.095 4
K_2	0.089 2	0.083 2	0.083 7
K_3	0.082 1	0.085 3	0.075 0
极差	0.007	0.002	0.020
优水平	3	2	3
因素主次顺序	$C>A>B$		

表 2.17　UHBFC 孔隙率的极差分析表

项目	发泡剂种类(A)	发泡剂稀释比(B)	$\alpha(C)$
K_1	82.6	83.2	78.6
K_2	81.6	82.2	81.8
K_3	83.9	82.7	87.7
极差	2.4	1.0	9.1
优水平	3	1	3
因素主次顺序	$C>A>B$		

表 2.18　UHBFC 体积吸水率的极差分析表

项目	发泡剂种类(A)	发泡剂稀释比(B)	$\alpha(C)$
K_1	48.7	56.4	40.1
K_2	53.4	49.2	56.3
K_3	57.8	54.2	63.4
极差	9.1	7.2	23.3
优水平	1	2	1
因素主次顺序	$C>A>B$		

2.4.1　对固废基超轻泡沫混凝土干密度的影响

由于在整个试验过程中,胶凝材料的种类与掺量、水胶比、减水剂掺量及泡沫掺量都是恒定不变的。因此,造成不同组 UHBFC 出现干密度差异的主要原因是泡沫的性能不同。由图 2.8 可知,由高分子复合型发泡剂制备的 UHBFC 干密度最低,其次是由植物蛋白型发泡剂制备的 UHBFC,由动物蛋白型发泡剂制备的 UHBFC 干密度最大。造成这种现象的原因主要有以下两个:

①由于 9 组试验中加入泡沫的质量都是一样的。由图 2.9 可知,高分子复合型发泡剂的发泡倍数最大,产生的泡沫密度最低,泡沫的体积也就最大,当掺入胶凝材料浆体中时,充分搅拌后制备出的 UHBFC 混合浆体的体积也最大。因此,混合浆体的密度也最低,浇模后的 UHBFC 密度也是最低的。植物蛋白型发泡剂和动物蛋白型发泡剂产生的泡沫密度都较高,故最终制备的 UHBFC 密度也高于由高分子复合型发泡剂制备的 UHBFC。

②由表 2.8 和图 2.7 可知,高分子复合型发泡剂产生的泡沫稳定性最好,其 1 h 泌水量和 1 h 沉降距均低于由植物蛋白型发泡剂和动物蛋白型发泡剂产生的泡沫,这就使高分子复合型发泡剂产生的泡沫掺入水泥浆中搅拌时破裂的泡沫数较少,保证了 UHBFC 混合浆体的体积,使得密度较小。而植物蛋白型发

泡剂和动物蛋白型发泡剂,尤其是动物蛋白发泡剂产生的泡沫稳定性太差,短时间内就会有大量气泡破裂,泌水量会在短时间内迅速增加,当其掺入水泥浆体中进行混合搅拌时又会有相当一部分气泡因搅拌破裂,这就使混合浆体中实际完整存在的气泡较少,导致 UHBFC 混合浆体体积较小,密度较大。

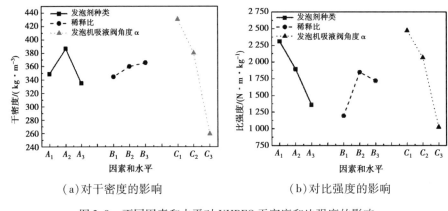

(a)对干密度的影响　　　　　　　(b)对比强度的影响

图 2.8　不同因素和水平对 UHBFC 干密度和比强度的影响

由图 2.8 还可知,UHBFC 的干密度随着发泡剂稀释比的增大而增大,随着 α 的增加而减小。这种趋势与图 2.7 (a)、(b)和(c)中不同因素和水平对泡沫密度、1 h 沉降距和 1 h 泌水量的影响相同,这也充分说明了泡沫的性能与 UHBFC 的干密度有较大的相关性。发泡剂稀释比增加相当于相同体积的发泡剂溶液中实际发泡剂含量减少,配制的发泡剂溶液的表面活性作用降低,表面张力增大,在发泡时实际产生的气泡数减少,泡沫的含水量就会相应增加,掺入胶凝材料浆体时引入的完整的气泡数量较少而却附带引入了较多水,使超轻泡沫混凝土浆体的体积增加幅度较小,混合浆体密度降低也较小。因此,UHBFC 干密度随发泡剂稀释比增大而降低。当发泡机吸液阀角度 α 增大时,柱塞泵压力降低了,吸入的发泡剂溶液减少,而混泡管中与发泡剂溶液混合的空气含量不变,则实际吹出的泡沫含水量较少,泡沫密度较小,掺入胶凝材料浆体时,泡沫中附带的水较少,可较大幅度增加混合浆体体积,降低其密度。因此,随着发泡机吸液阀角度 α 的增加,UHBFC 的干密度不断降低。

2.4.2　对固废基超轻泡沫混凝土比强度的影响

由于各组中 UHBFC 的干密度相差较大,如果直接比较抗压强度可能说服力较小。因此,本次试验采用比强度来反映不同组 UHBFC 的抗压强度。由表 2.13 和图 2.8 可知,由植物蛋白型发泡剂制备的 UHBFC 的比强度最大,其次是由动物蛋白型发泡剂制备的 UHBFC,而由高分子复合型发泡剂制备的 UHBFC 的比强度最小。这可能是高分子复合型发泡剂所制备的泡沫其密度和含水量最低,将其加入胶凝材料浆体中时过于干的泡沫可能会吸收一部分水分,导致浆体变稠,胶凝材料水化所需有效用水量降低,降低了凝结速度和水化程度,最终制备的 UHBFC 的比强度较低。然而动物蛋白型发泡剂的泌水现象太严重,泡沫稳定性太差,当其加入胶凝材料浆体中时,混合浆料过薄难以容纳气泡。因此,在固化过程中也会有大量泡沫破裂,严重影响 UHBFC 的最终比强度。由图 2.8 可知,由植物蛋白型发泡剂制备的 UHBFC 的比强度最高,这说明这种发泡剂产生的泡沫与胶凝材料浆体有较好的相容性,泡沫稳定性适中,泡沫破裂的数量适中,导致混合搅拌后的浆体流动度适中,最后浇筑成型的 UHBFC 的强度也较高。

由图 2.8 可知,超 UHBFC 的比强度随着发泡剂稀释比的增大呈先增大后减小的趋势,随着发泡机吸液阀角度 α 增大呈逐渐降低的趋势。当发泡剂稀释比为 1:30,UHBFC 的比强度最大,其原因与不同种类发泡剂对比强度影响机理相似。当发泡机吸液阀角度 α 为 30°时,制备的 UHBFC 的比强度最大,这是因此条件下产生的泡沫密度过大,加入胶凝材料浆体中时并不会明显增大混合浆体的体积,使最终制得的 UHBFC 的干密度较大。由表 2.13 和表 2.15 也可知,当 α 为 30°时制备的 UHBFC 的孔隙率最小,这也决定了其具有较大的承压能力,故比强度较高。

2.4.3 对超轻泡沫混凝土导热系数的影响

众所周知,材料的导热系数与材料的种类和孔隙率密切相关,空气的导热系数要明显低于其他材料。因此,一般来说,对同种材料,孔隙率越高,导热系数越小。Falliano 等研究发现,小尺寸孔径的可挤压泡沫混凝土的导热系数要低于相同密度下传统泡沫混凝土和加气混凝土的导热系数。Mydin 研究发现,随着泡沫混凝土密度的降低其孔径尺寸有增大趋势,这有利于增大孔隙率,降低导热系数。由于本章中的各组 UHBFC 所用胶凝材料相同,孔隙率越大,其保温隔热性也越好。由图 2.9 可知,由动物蛋白型发泡剂制备的 UHBFC 的导热系数最大,而由植物蛋白型发泡剂和高分子复合型发泡剂制备的 UHBFC 的导热系数相近且都远低于动物蛋白型发泡剂制备的 UHBFC。由孔隙率极差分析表可知,动物蛋白型发泡剂制备的 UHBFC 孔隙率为 81.6%,而由植物蛋白型发泡剂和高分子复合型发泡剂制备的 UHBFC 的孔隙率分别为 82.6% 和 83.9%。因此,不同的孔隙率决定了最后制得的 UHBFC 的导热系数的差异。而造成这种孔隙率差异的原因是由泡沫的性能决定的,由表 2.13 和图 2.9 可知,与其他两种发泡剂相比,动物蛋白型发泡剂产生的泡沫的密度最大,泡沫稳定性最差,当其掺入胶凝材料浆体时,混合浆体体积增加的幅度最小,也就导致最终的 UHBFC 密度较大,孔隙率较低。

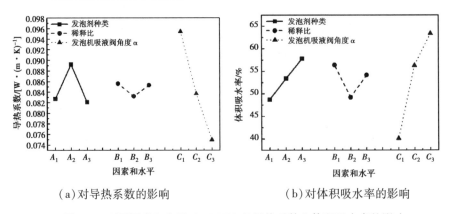

(a)对导热系数的影响 (b)对体积吸水率的影响

图 2.9 不同因素和水平对 UHBFC 的导热系数和体积吸水率的影响

由图 2.9 可知,当稀释比为 1∶30 时,UHBFC 的导热系数最低。这是因在这个稀释比下产生的泡沫含水量和硬度适中,与胶凝材料相容性最佳,不会因浆体中水分含量过多或过少导致气泡壁内外压强差过大而使大量气泡破裂。又因高贝利特硫铝酸盐水泥具有快凝快硬的特性,可在大量泡沫消泡前较好地凝结,保证了气泡的完整性,也保证了较高的孔隙率。UHBFC 的导热系数随着 α 的增加而减小,这规律与图 2.9 中泡沫密度、1 h 沉降距和 1 h 泌水量随 α 变化趋势一致。这主要是 α 改变对泡沫含水量影响太大,当掺入胶凝材料浆体时,会造成浆体实际水胶比相差较大,严重影响了最终固化的 UHBFC 的干密度,由 α 导致的 UHBFC 干密度的差异见表 2.13。干密度与孔隙率密切相关,同体积同材料条件下,干密度越小孔隙率越大,导热系数也越低。

2.4.4　对超轻泡沫混凝土体积吸水率的影响

由表 2.18 和图 2.9 可知,由植物蛋白型发泡剂制备的 UHBFC 体积吸水率最低,其次是动物蛋白型发泡剂,最后是高分子复合型发泡剂。这种现象也从侧面反映出 3 种不同种类发泡剂性能的差异以及它们产生的泡沫与胶凝材料体系相容性的差异。众所周知,泡沫混凝土的固化过程中,泡沫液膜在重力、表面张力和浆液挤压压力的作用下会不均匀地扩散。如果这 3 种力不能很好地平衡,就会导致一部分气泡发生合并甚至破裂,也就增加了 UHBFC 中破孔的数量。由表 2.15 可知,发泡剂种类对 UHBFC 孔隙率的影响较小,在这种情况下,破孔数量越多,则导致体积吸水率越大。由图 2.13 还可知,当发泡剂稀释比为 1∶30 时,制备的 UHBFC 的体积吸水率最低,这是因发泡剂在这个稀释比下产生的泡沫液膜厚度和水含量是最适合胶凝材料浆体的,也可平衡上述 3 种力,最大限度地减少破泡。UHBFC 的体积吸水率随着发泡机吸液阀角度 α 的增加而显著增大,这是因随着发泡机吸液阀角度 α 的增加,UHBFC 的干密度大幅度降低,从 430.7 kg/m³ 降至 259.3 kg/m³,孔隙率增加幅度较大,从 78.6% 增大到 87.7%,这使 UHBFC 中有更多的空间允许水分进入。

2.5　极差和方差分析

由表 2.9—表 2.12 可得出最优发泡方案。对泡沫密度的最优因素水平是 $A_3B_1C_3$,因素的主次顺序是 $C>B>A$。发泡倍数的最优因素水平是 $A_3B_1C_3$,因素的主次顺序是 $C>B>A$。1 h 沉降距的最优因素水平是 $A_3B_1C_3$,因素的主次顺序是 $A>C>B$。1 h 泌水量的最优因素水平是 $A_3B_1C_3$,因素的主次顺序是 $A>C>B$。因此,α 是影响泡沫密度和发泡倍数的最主要因素,而发泡剂的种类是影响 1 h 沉降距和 1 h 泌水量的最主要因素。经过综合分析,最有利于 4 项泡沫性能的因素水平是 $A_3B_1C_3$,即发泡剂种类为高分子复合型发泡剂,稀释比为 1 : 20,α 为 60°。

根据表 2.14—表 2.18,通过极差分析也可筛选出最有利于 UHBFC 物理性能的方案。对 UHBFC 干密度的最优因素水平是 $A_3B_1C_3$,因素的主次顺序为 $C>A>B$。对 UHBFC 比强度的最优因素水平为 $A_1B_2C_1$,因素的主次顺序为 $C>A>B$。对 UHBFC 导热系数的最优因素水平为 $A_3B_2C_3$,因素的主次顺序为 $C>A>B$。对 UHBFC 体积吸水率的最优因素水平为 $A_1B_2C_1$,因素的主次顺序为 $C>A>B$。对因素 A,有关 UHBFC 干密度和导热系数的最优水平是 A_3,而有关比强度和体积吸水率的最优水平是 A_1。导热系数在 A_1 和 A_3 水平区别并不大,而 A_1 水平下的比强度要远高于 A_3 水平下的比强度,且 A_1 水平下的体积吸水率要低于 A_3 水平下的体积吸水率。因此,对因素 A,有利于 UHBFC 各项性能的最优水平为 A_1。对因素 B,有关 UHBFC 比强度、导热系数和体积吸水率的最优水平都为 B_2,而干密度的最优水平为 B_1。因此,对因素 B,宜选 B_2 作为最优水平。对因素 C,有关 UHBFC 干密度和导热系数的最优水平为 C_3,而有关 UHBFC 比强度和体积吸水率的最优水平为 C_1。在 C_1 水平下的干密度和导热系数偏高,难以满足超轻保温墙板的要求,而体积吸水率大的问题可通过后期疏水处理来解决。因此,对因素 C,宜选 C_3 作为最优水平。经过综合评估,有利于 UHBFC 各项物理性能的最优因素水平为 $A_1B_2C_3$，即发泡剂类型、发泡剂稀释比和发泡机吸液阀角度 α 分别为植物蛋白型发泡剂、1:30 和 60°。

为了准确并定量地估计各因素的显著性，验证极差分析的结论，并弥补直观分析的不足，进一步采用了方差分析。其结果见表 2.19。

表 2.19　UHBFC 物理性能的方差分析表

性能	参数	因素			误差列
		A	B	C	
干密度	自由度 DOF	2	2	2	2
	平方和 SS_i	4 300.2	708.2	46 529.6	708.2
	均方 M_i	2 150.1	354.1	23 264.8	354.1
	方差比 VR_i	6.07	1.00	65.7**	1.00
比强度	自由度 DOF	2	2	2	2
	平方和 SS_i	1 373 345.0	111 508.5	3 342 595.7	111 508.5
	均方 M_i	686 672.5	55 754.3	1 671 297.9	55 754.3
	方差比 VR_i	12.32*	1.00	29.98**	1.00
导热系数	自由度 DOF	2	2	2	2
	平方和 SS_i	9.39×10^{-5}	1.04×10^{-5}	6.31×10^{-4}	1.04×10^{-5}
	均方 M_i	4.70×10^{-5}	5.20×10^{-6}	3.15×10^{-4}	5.20×10^{-6}
	方差比 VR_i	9.04*	1.00	60.58**	1.00
体积吸水率	自由度 DOF	2	2	2	2
	平方和 SS_i	125.2	80.9	853.1	80.9
	均方 M_i	62.6	40.4	426.6	40.4
	方差比 VR_i	1.55	1.00	10.55*	1.00

注：$F_{0.1}(2,2)=9.00$，$F_{0.05}(2,2)=19$；*，** 分别代表显著和非常显著。

平方和 SS_i 可计算为

$$SS_i = 3((K_{1i}-K)2+(K_{2i}-K)2+(K_{2i}-K)2) \qquad (i=A,B,C) \qquad (2.9)$$

式中　SS_i——平方和；

K——每个性能对应的 9 组数据的平均值;

K_{1i}——"1"水平所对应的 UHBFC 某项物理性能的数值之和;

K_{2i} 与 K_{3i} 类似,且 K_{1i},K_{2i} 和 K_{3i} 对应的值可从表 2.14—表 2.18 读取。

由表 2.19 可知,对 UHBFC 的干密度,最小均方($M_i^{min} = 354.1$)被选为误差,其他组均方分别除以最小均方得到 UHBFC 干密度的方差比 VR_i,下同。因 $1.00 < 6.07 < F_{0.1}(2,2) = 9.00 < F_{0.05}(2,2) = 19 < 65.7$,故对于干密度来说,因素 C 为非常显著的因素,因素 A 和因素 B 不显著,方差分析中因素的显著性顺序和极差分析中因素的主次顺序一致,都为 $C>A>B$。对 UHBFC 的比强度,最小均方($M_i^{min} = 55\ 754.3$)被选为误差。由于 $1.00 < F_{0.1}(2,2) = 9.00 < 12.32 < F_{0.01}(2,2) = 19 < 29.98$,因此,因素 C 为非常显著因素,因素 A 为显著因素,因素 B 不显著,方差分析中因素的显著性顺序和极差分析中因素的主次顺序一致,都为 $C>A>B$。对 UHBFC 的导热系数,最小均方($M_i^{min} = 5.20 \times 10^{-6}$)被选为误差。由于 $1.00 < F_{0.1}(2,2) = 9.00 < 9.04 < F_{0.01}(2,2) = 19 < 60.58$,因此,因素 C 为非常显著的因素,因素 A 为显著的因素,因素 B 不显著,方差分析中因素的显著性顺序和极差分析中因素的主次顺序一致,都为 $C>A>B$。对 UHBFC 的体积吸水率,最小均方($M_i^{min} = 40.4$)被选为误差。由于 $1.00 < 1.55 < F_{0.1}(2,2) = 9.00 < 10.55$,因此,因素 C 为显著因素,因素 A 和 B 不显著,方差分析中因素的显著性顺序和极差分析中因素的主次顺序一致,都为 $C>A>B$。因素 C 是 3 个因素中对 UHBFC 各项物理性能影响最大的因素,尤其是对干密度和导热系数的影响非常显著,方差比 VR_i 都超过了 60,对体积吸水率的影响显著,方差比 VR_i 超过 9。对于用作保温夹层的 UHBFC 来说,低干密度和低导热系数非常重要,对抗压强度的要求并不太高,而由图 2.8 和图 2.9 可知,UHBFC 干密度和导热系数随着因素 C 的增加显著降低。因此,对因素 C,应选 C_3 水平。因素 A 对比强度和导热系数的影响显著,其方差比 VR_i 都超过了 9,由图 2.8、图 2.9(a) 和图 2.9(b) 可知,当因素 A 处于 A_1 水平时,UHBFC 的比强度最大,而且此水平下的导热系数和体积吸水率也较低。因此,对因素 A,应选择 A_1 水平。由表 2.17 可知,因素 B 对

UHBFC 4 项物理性能的影响较小。可知,当因素 B 处于 B_2 水平时,UHBFC 的比强度、导热系数和体积吸水率都最优。因此,对因素 B,应选择 B_2 水平。经过方差分析,用于制备 UHBFC 各项物理性能的最优因素水平为 $A_1B_2C_3$,即发泡剂种类为植物蛋白型发泡剂,发泡剂稀释比为 1∶30,α 为 60°,与极差分析得到的结果一致。

基于极差分析和方差分析优化后的发泡方案,即选用植物蛋白型发泡剂在稀释比为 1∶30 和 α 为 60° 的条件下进行实验验证,最后制得了干密度为 290 kg/m³,抗压强度为 0.45 MPa,比强度为 1 796.6 (N·m)/kg,导热系数为 0.078 2 W/(m·K),体积吸水率为 56.9% 的 UHBFC。

2.6　固废基超轻泡沫混凝土的 SEM 和 XRD 微观分析

通过正交试验设计而制备的 9 组 UHBFC 试件所对应的孔结构 SEM 图如图 2.10 所示。结果表明,植物蛋白型发泡剂和动物蛋白型发泡剂制备的 UHBFC 的孔隙完整性和均匀性明显优于由高分子复合型发泡剂制备的 UHBFC。图 2.10(a)、(b)、(d)、(f)、(h) 中的 UHBFC 的气孔较小,且均匀而紧凑,这确保在受压时整个试样中各部分压力分布均匀,能很好地防止"木桶效应"的发生,特别是在组 d_1 和 d_6 中试样的孔隙结构,气孔较浅,孔壁较厚,更有利于耐压,然而 UHBFC 中有较多这样密集的小孔径孔隙和较厚的孔壁必然会有较大的干密度。因此,从 SEM 看到的各组试样的孔结构形态,能从视觉上证明不同组 UHBFC 干密度和比强度的差异。孔结构形态是影响 UHBFC 导热系数和体积吸水率的重要因素之一。综合观察图 2.10 (b)、(c)、(e)、(g) 并结合表 2.11 中的测试结果可知,气孔大而深圆、分布致密、孔壁薄的 UHBFC 具有较低的导热系数,而连通孔的存在并没有增大导热系数。产生这种现象的原因可能是连通孔较多的泡沫混凝土其孔隙率也高,高孔隙率对导热系数降低的贡献高于连通孔的不利影响。但是,破孔和连通孔的增加容易增加吸水率,尤其在

组 d_2 中的 UHBFC，同时具有较高的比强度和较低的导热系数，这是因孔和孔之间的孔壁较薄，甚至两个孔之间的孔壁上充满了小小孔，而且这些孔的完整性较好，确保孔隙率较高的条件下形成了可均匀受力的孔结构骨架。图 2.10（c）和（g）所对应的 UHBFC 的孔结构形态虽然降低了导热系数，但承压能力较差，吸水率也过高。

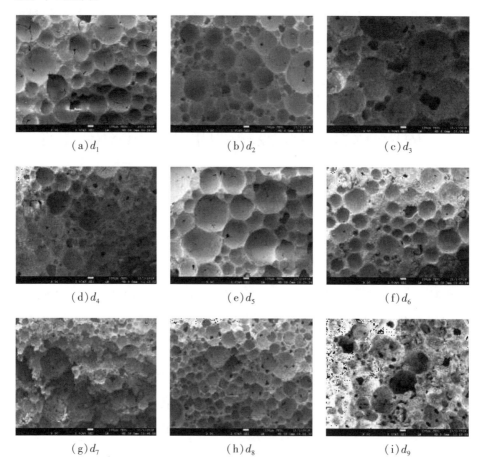

(a) d_1	(b) d_2	(c) d_3
(d) d_4	(e) d_5	(f) d_6
(g) d_7	(h) d_8	(i) d_9

图 2.10 不同组 UHBFC 的微观孔隙结构

为了进一步探究不同种类发泡剂制备的 UHBFC 比强度之间的关系，通过 XRD 和 SEM 测试和观察了干密度相近的组 d_2，d_4，d_8 对应的 UHBFC 试样的水化产物组分和水化产物形貌，如图 2.11 和图 2.12 所示。由图 2.11 可知，组 d_2

的钙矾石和硅酸钙对应的 XRD 衍射峰值高于组 d_4 和 d_8,这从一定程度上说明组 d_2 中的 UHBFC 的水化产物中钙矾石和硅酸钙较多,而钙矾石是提供强度的一种重要的水化产物。虽然组 d_8 的 XRD 衍射峰略高于组 d_4,但其包含的可能的水化产物种类也较多,同一个衍射峰可能是由钙矾石、碳酸钙和硅铝酸钙同时叠加。因此,组 d_8 的 UHBFC 中的钙矾石含量可能少于组 d_4,导致比强度相对较低。

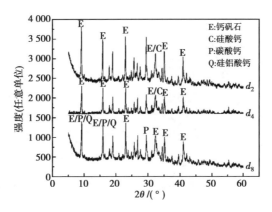

图 2.11　组 d_2,d_4,d_8 中 UHBFC 的 XRD 图谱

由图 2.12 的水化产物的 SEM 图可知,各组 UHBFC 的水化产物形态不同。在图 2.12(a)中,有许多针状和棒状的钙矾石交相分布,在这些钙矾石上覆盖着大量的硅酸钙凝胶,形成致密的微观结构,使组 d_2 的 UHBFC 强度较高。在图 2.12(b)中,只发现了许多针状的钙矾石,且其表面覆盖的凝胶颗粒较少,致密程度略差,表明该组 UHBFC 水化产物生长的较缓慢,这也是导致该组 UHBFC 强度略低于 d_2 组的原因之一。图 2.12(c)和(d)都为组 d_8 中 UHBFC 的水化产物形态微观图。由图 2.12(c)可知,在针状钙矾石的周围分布着许多块状的碳酸钙,从图 2.12(d)中可看到有许多片状、絮凝和针状水化产物的许多交叉分布,结合 XRD 图谱可判定它们为钙矾石、硅酸钙以及硅铝酸钙的结合体。因此,可发现组 d_8 的 UHBFC 中提供主要强度的钙矾石含量较少,而且水化产物分布较为疏松,这是导致其强度较低的主因。

（a）d_2　　　　　　　　　　（b）d_4

（c）d_{8A}　　　　　　　　　　（d）d_{8B}

图 2.12　不同组 UHBFC 中水化产物分布形态

2.7　结　论

①将石油焦渣、粉煤灰、电石渣、铝矾土按 1.65∶1∶0.4∶2.5 生料配比,在 1 300 ℃烧制出 42.5 级 GHBSC,固废综合利用率近 85%。

②不同种类的发泡剂、不同的发泡剂稀释比和不同的发泡机吸液阀角度 α 对产生泡沫的性能和制备的 UHBFC 性能的影响各不相同。其中,组 d_7 的发泡方案,即高分子复合型发泡剂在发泡剂稀释比为 1∶20 和 α 为 60°的条件下发出的泡沫性能最好,其泡沫密度、发泡倍数、1 h 沉降距及 1 h 泌水量分别为 33.4 kg/m³、29.9 倍、9 mm 及 35 mL。

③不同种类的发泡剂、不同的发泡剂稀释比和不同的发泡机吸液阀角度 α

对制备的 UHBFC 性能的影响各不相同。经过极差分析和方差分析得知,对 UHBFC 的最优因素水平为 $A_1B_2C_3$,即发泡剂种类为植物蛋白型发泡剂,发泡剂稀释比为 1:30,α 为 60°。在 3 个因素中,α 对 UHBFC 性能的影响最大。

④基于 UHBFC 性能优化后的发泡方案进行了实验验证,最后制得了干密度为 290 kg/m³,抗压强度为 0.45 MPa,比强度为 1 551.7 N·m/kg,导热系数为 0.078 2 W/(m·K),体积吸水率为 56.9% 的 UHBFC。

⑤由 UHBFC 的 SEM 图可知,由植物蛋白型发泡剂和动物蛋白型发泡剂制备的 UHBFC 的孔结构完整性和孔的均匀程度优于高分子复合型发泡剂制备的 UHBFC,且连通孔较少孔壁较厚。由 UHBFC 的 XRD 图谱以及孔壁水化产物的微观形貌 SEM 图可知,用植物蛋白型发泡剂制备的 UHBFC 的水化产物中不但具有较多的钙矾石,而且钙矾石上覆盖的硅酸钙和硅铝酸钙凝胶较多,保证了其较高的强度。

第3章 粉煤灰对固废基超轻泡沫混凝土物理性能及收缩影响

3.1 引 言

尽管试验中采用较廉价的固废烧制 GHBSC,但是成本仍然较高,并且近年来水泥价格不断上涨。粉煤灰作为一种工业废料,如果将其部分替代固废基 GHBSC,不但能降低超轻泡沫混凝土的生产成本,节约矿物资源,改善环境减少污染,而且能充分发挥其本身的优势,改善浆体的流动性,提高泡沫混凝土浆体的可泵送性,降低水化热,发挥其微集料效应,改善泡沫混凝土孔结构。因此,用粉煤灰部分替代固废基 GHBSC 制备 UHBFC 同时具有工程意义和经济效益。

本书的目的是选用 3 种不同级别的粉煤灰并按不同的掺量部分替代固废基 GHBSC,探究不同级别以及不同掺量的粉煤灰对 UHBFC 的干密度、比强度、导热系数、拉伸黏结强度及微观孔结构的影响,探究粉煤灰对 UHBFC 干燥收缩的影响,并比较 UHBFC 与普通硅酸盐水泥基超轻泡沫混凝土收缩值的差异。

3.2　原材料与实验方案

3.2.1　原材料

固废基 GHBSC,实验室自制,强度等级为 42.5,其化学成分和矿物成分见第 3 章 3.2 节;普通硅酸盐水泥,购自山东山水水泥集团有限公司,强度等级为 P·O42.5,其化学成分和矿物成分见表 3.1;Ⅰ级、Ⅱ级和Ⅲ级粉煤灰,均购自北京市电力粉煤灰工业公司。其化学成分和性能指标见表 3.2 和表 3.3。植物蛋白型发泡剂,购自石家庄乐然化工有限公司,其物理和化学成分见第 3 章 3.2 节;粉状萘系高效减水剂,购自济南山海化工科技有限公司;水,自来水。

表 3.1　普通硅酸盐水泥的化学成分和矿物成分/wt%

P·O42.5 普通硅酸盐水泥	化学成分	CaO	SiO$_2$	Al$_2$O$_3$	Fe$_2$O$_3$	MgO	K$_2$O	P$_2$O$_5$	LOI
		60.39	23.87	6.59	2.98	1.79	0.89	0.41	2.98
	矿物成分	C$_3$S		C$_2$S		C$_3$A		C$_4$AF	
		58.34		16.66		19.32		5.68	

表 3.2　3 种不同级别粉煤灰的化学成分/wt%

粉煤灰级别	SiO$_2$	Al$_2$O$_3$	Fe$_2$O$_3$	CaO	MgO	SO$_3$	f-CaO	LOI
Ⅰ 级	60.98	24.47	6.70	4.90	0.68	0.52	0.58	1.86
Ⅱ 级	60.84	23.72	6.96	3.83	0.55	0.63	0.42	2.28
Ⅲ 级	60.46	23.19	6.79	3.12	0.23	0.79	0.39	3.88

表 3.3　3 种不同级别的粉煤灰的性能指标/wt%

粉煤灰级别	细度（45μm 方孔筛余量）	需水量比	含水率
Ⅰ 级	11	94	0.5
Ⅱ 级	15	99	0.3
Ⅲ 级	39	112	0.7

3.2.2　固废基超轻泡沫混凝土的制备及配合比设计

在本实验中,制备尺寸为 100 mm×100 mm×100 mm 的试件用于干密度、抗压强度测试,制备尺寸为 300 mm×300 mm×35 mm 的试件用于导热系数测试,制备尺寸为 160 mm×160 mm×40 mm 的试件用于干燥收缩的测试,制备尺寸为 40 mm×40 mm×6 mm 的试件用于黏结拉伸强度的测试。用于测试 UHBFC 不同性能的模具如图 3.1 所示。实验中,发泡剂稀释比为 1∶30,发泡机吸液阀角度 α 为 60°,水胶比为 0.4,泡沫掺量和萘系高效减水剂的掺量分别占胶凝材料质量的 16% 和 0.6%。Ⅲ级、Ⅱ级和Ⅰ级粉煤灰分别按 0%,5%,10%,15%,20%,30% 的比例部分替代 GHBSC,相应的组别分别记为 Con,$A_1 \sim A_5$,$B_1 \sim B_5$,$C_1 \sim C_5$。另外,普通硅酸盐水泥将按照与组 Con 相同的配合比制备硅酸盐水泥基超轻泡沫混凝土(UPCFC),用以对比其与 UHBFC 收缩值的差异。

(a)干密度与抗压强度　　(b)导热系数　　(c)干燥收缩　　(d)拉伸黏结强度

图 3.1　UHBFC 不同物理性能成型模具

3.2.3　固废基超轻泡沫混凝土的性能表征

UHBFC 干密度、抗压强度和导热系数的测试方法,以及其微观结构和水化产物的成分的表征方法见第 2 章 2.2 节。

UHBFC 拉伸黏结强度的测试参照标准《建筑砂浆基本性能试验方法标准》(JGJ/T 70—2009)。将养护完成的尺寸为 40 mm×40 mm×6 mm 的 UHBFC 试件在自然状态下晾干,然后用环氧树脂将钢制拉把与试件上表面黏结在一起,并在自然状态下放置 24 h,便可开始拉伸黏结强度测试。测试前,将试件固定在万能试验机的下夹具上,并用链条将钢制拉把与上夹具连接在一起(见图 3.2),将荷载的加载速度设定为 5 mm/min。通过控制手柄调整上夹具位置,使链条处于几乎绷紧状态后开始测试。每组测试 10 个试件,取其平均值作为 UHBFC 的拉伸黏结强度。拉伸黏结强度值可计算为

$$f_b = \frac{F_t}{S_c} \tag{3.1}$$

式中　f_b——UHBFC 试件的拉伸黏结强度,MPa;

　　　F_t——试件加载时的破坏荷载,kN;

　　　S_c——试件加载过程的受力面积,mm^2。

UHBFC 干燥收缩的测试方法参照标准《建筑砂浆基本性能试验方法标准》(JGJ/T 70—2009)。需要注意的是,UHBFC 的干燥收缩值较大,尤其是 UHBFC 前期强度增长较快,收缩变化主要集中在前期。因此,应从试件能脱模开始测试其干燥收缩值。UHBFC 和普通硅酸盐水泥基超轻泡沫混凝土的脱模时间分别为 4 h 和 18 h。其收缩值使用砂浆收缩仪测试(见图 3.3),可计算为

$$\varepsilon_{ds} = \frac{\varepsilon_1}{l} \times 1\,000 \tag{3.2}$$

式中　ε_{ds}——UHBFC 的单位长度干燥收缩值,mm/m;

　　　ε_1——UHBFC 的实测收缩值,mm;

l——试件收缩测试前实际长度,mm。

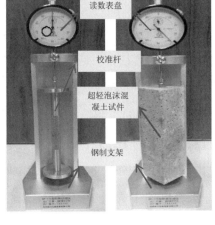

图 3.2　微机控制万能试验机　　　　图 3.3　带千分表的砂浆收缩仪

干燥收缩测试过程中试件中水分损失率可计算为

$$R_{mL} = \frac{M_{loss}}{M_{total}} \qquad\qquad (3.3)$$

式中　R_{ml}——UHBFC 养护过程中的水分损失率,%;

　　　M_{loss}——UHBFC 养护过程中水分损失的质量,g;

　　　M_{total}——UHBFC 在收缩测试前的原质量,g。

3.3　实验结果和讨论

3.3.1　3 种不同级别的粉煤灰的微观形貌

3 种不同级别的粉煤灰的颗粒微观形态如图 3.4 所示。在Ⅲ级粉煤灰中,球形的微珠单体较少,不规则块体和微珠团聚体较多。可知,在Ⅱ级粉煤灰和Ⅰ级粉煤灰中分布着较多的球形微珠单体,而且微珠与微珠之间紧凑地挨着,它们的粒径大多在 10 μm 以下,尤其是在Ⅰ级粉煤灰中,球形微珠分布十分密集,且微珠的直径较小,甚至一半以上的微珠粒径在 5 μm 以下。

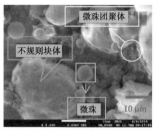

（a）Ⅲ级粉煤灰　　　　　（b）Ⅱ级粉煤灰　　　　　（c）Ⅰ级粉煤灰

图 3.4　3 种级别粉煤灰颗粒形态 SEM 图

3.3.2　粉煤灰对固废基超轻泡沫混凝土干密度的影响

不同级别和掺量的粉煤灰对 UHBFC 干密度、比强度、导热系数及拉伸黏结强度影响的结果见表 3.4。

表 3.4　粉煤灰级别和掺量对 UHBFC 各项性能的影响

组别	干密度 /(kg·m⁻³)	比强度 /(N·m·kg⁻¹)	导热系数 /[W·(m·K)⁻¹]	拉伸黏结强度 /MPa
Con	311.3	1 382.6	0.082 5	0.179
A_1	309.2	1 294.5	0.081 7	0.139
A_2	300.4	1 200.1	0.081 8	0.087
A_3	292.8	1 194.5	0.080 0	0.063
A_4	298.6	1 202.1	0.080 8	0.042
A_5	305.9	824.7	0.081 1	0.024
B_1	308.5	1 322.0	0.082 0	0.163
B_2	308.5	1 322.3	0.081 6	0.144
B_3	302.9	1 276.6	0.079 1	0.128
B_4	297.5	1 145.8	0.078 9	0.093
B_5	289.3	938.6	0.078 3	0.067
C_1	310.5	1 380.5	0.081 6	0.170
C_2	305.2	1 296.9	0.081 9	0.153

续表

组别	干密度 /(kg·m⁻³)	比强度 /(N·m·kg⁻¹)	导热系数 /[W·(m·K)⁻¹]	拉伸黏结强度 /MPa
C_3	295.3	1 285.7	0.079 3	0.100
C_4	298.5	1 111.1	0.079 5	0.081
C_5	302.0	890.9	0.080 5	0.064

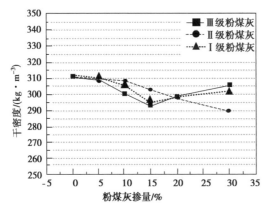

图 3.5　UHBFC 的干密度随不同级别的粉煤灰　　　图 3.6　掺有 I 级粉煤灰的 UHBFC
　　　掺量的变化趋势图　　　　　　　　　　孔壁断面 SEM 图(蓝色矩形框为
　　　　　　　　　　　　　　　　　　　　　　　球形微珠填充)

　　由图 3.5 可知,粉煤灰的级别对 UHBFC 干密度的影响并没有呈现明显的规律性,但从整体来看,3 种级别的粉煤灰的掺入都不同程度地降低了 UHBFC 的干密度。这是粉煤灰本身的密度要低于水泥,粉煤灰的加入相当于在胶凝材料总质量不变的前提下略微增大了总体积,导致最后加水和泡沫搅拌均匀的 UHBFC 浆体的体积增加,密度降低。然而,掺有不同级别粉煤灰的 UHBFC 的干密度却呈现出不同的变化趋势,这也能反映不同级别粉煤灰本身性能的差异。对于掺有Ⅲ级粉煤灰的 UHBFC 来说,其干密度随着粉煤灰掺量的增加呈先降低后增加的趋势,当粉煤灰掺量为 15% 时其干密度最低为 292.8 kg/m³。由图 3.4(a) 可知,Ⅲ级粉煤灰的颗粒尺寸相差较大,微珠团聚现象严重,而且存在较多块状的含碳焦渣,球状的微珠单体较少。因此,Ⅲ级粉煤灰颗粒之间的空间较大,堆积密度较小,它的加入将有利于降低最终制得的 UHBFC 的干密度。据调查,粉煤灰中的块状含碳焦渣较轻质多孔,易吸水,其过多的掺入则会增加胶凝材料的需水量,降低可蒸发的自由含水量。当Ⅲ级粉煤灰掺量超过15％时,因Ⅲ级粉煤灰吸水性最终造成的 UHBFC 干密度增加量可能超过Ⅲ级粉煤灰本身较低的密度导致的 UHBFC 干密度的降低量。随着Ⅱ级粉煤灰掺量的增加,UHBFC 的干密度呈降低的趋势,造成这种现象的原因有两个:一是由于Ⅱ级粉煤灰的密度本身低于高贝利特硫铝酸盐水泥,二是由于Ⅱ级粉煤灰中的球形微珠较多,粒径均匀,有利于更好地发挥滚珠效应,而且Ⅱ级粉煤灰的比较面积较大,需水量比较小。Ⅰ级粉煤灰对 UHBFC 干密度的影响呈现出与Ⅲ级粉煤灰相似的趋势,当粉煤灰掺量超过15％时 UHBFC 的干密度也随着粉煤灰掺量增加而增加,但造成这种趋势的原因却不同。由图 3.4（c）可知,Ⅰ级粉煤灰中含有大量的球形微珠,微珠粒径较小,有一半以上粒径小于 5 μm。如图3.6 所示,当Ⅰ级粉煤灰掺量较多时,不参与水化作用的粉煤灰颗粒会充分发挥其微集料效应,而粒径较小的微珠会起到填充 UHBFC 的微孔隙的作用,使孔隙结构更加致密。

3.3.3　粉煤灰对超轻泡沫混凝土比强度和微观孔结构的影响

由表 3.4 和图 3.7 可知,UHBFC 的比强度随着 3 种级别粉煤灰的掺入呈逐渐降低的趋势。当粉煤灰掺量小于 15％时,UHBFC 的比强度随着粉煤灰掺量增加下降较为缓慢;当掺量到达 30％时,比强度明显下降。这是用粉煤灰替代高贝利特硫铝酸盐水泥后,总的水泥用量减少,导致 UHBFC 的水化产物量相对减少。由图 3.8UHBFC 的 SEM 图可知,组 Con 的 UHBFC 的水化产物数量较多,不但包含了大量用于提供早期强度的 AFt,而且在 AFt 上覆盖有大量 C-S-H 凝胶,这都使组 Con 的 UHBFC 具有较高的比强度。在组 A_3,B_3,C_3 的 UHBFC 中也有较多的 AFt,但其数量和粗细程度都小于组 Con 的 UHBFC,这也是导致它们的比强度略低于组 *Con* 的 UHBFC 的原因。由图 3.9 各组 UHBFC 的 XRD 衍射图可知,水化产物的峰值也能从一定程度上表征各组 UHBFC 比强度的差异。掺入粉煤灰的 UHBFC 的 AFt 峰值都低于组组 *Con* 的 UHBFC。对于掺入相同级别粉煤灰 UHBFC 来说,掺入量为 15% 的 UHBFC 的 AFt 峰值要高于掺入量为 30% 的

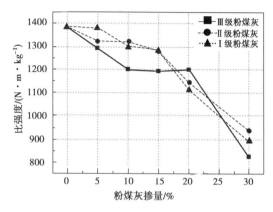

图 3.7　UHBFC 的比强度随不同级别的粉煤灰掺量的变化趋势图

UHBFC。粉煤灰中光滑的球形微珠可与不规则的 GHBSC 颗粒相结合形成致密的形态,这种形态有利于提高强度,在粉煤灰掺量较少时这种微集料效应带来的优势可一定程度地弥补水化产物减少导致的强度降低。因此,在粉煤灰掺量较少时,UHBFC 的比强度降低程度较小。而当粉煤灰掺量较多到达 30% 时,在 UHBFC 的水化产物中只能发现少量的 AFt,此时粉煤灰微集料效应的贡献已难以弥补水化产物大量减少而造成的强度损失,故 UHBFC 的强度急剧下降。

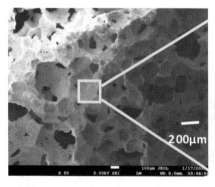

1

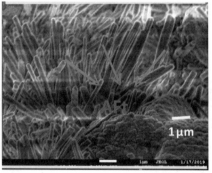

2

(a)不掺粉煤灰

1　　　　　　　　　　　　　　　　　2

（b）Ⅲ级粉煤灰掺量为15%

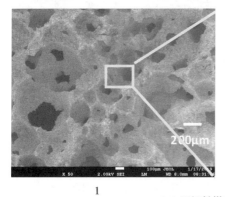

1　　　　　　　　　　　　　　　　　2

（c）Ⅲ级粉煤灰掺量为30%

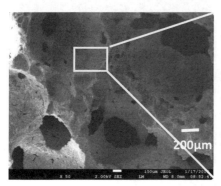

1　　　　　　　　　　　　　　　　　2

（d）Ⅱ级粉煤灰掺量为15%

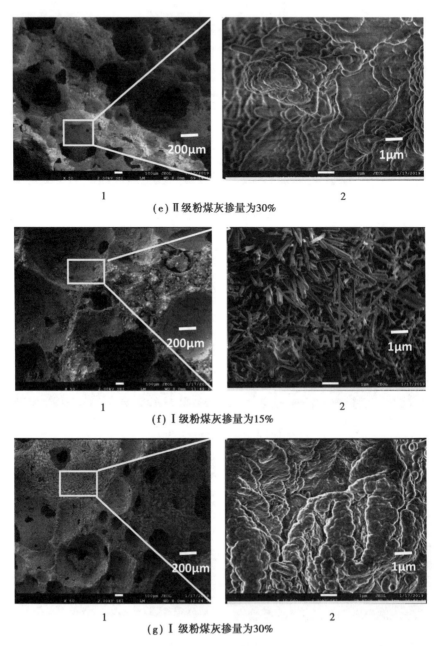

（e）Ⅱ级粉煤灰掺量为30%

（f）Ⅰ级粉煤灰掺量为15%

（g）Ⅰ级粉煤灰掺量为30%

图3.8 不同粉煤灰等级和掺量条件下 UHBFC 的孔结构及水化产物形态

1—泡孔结构；2—孔壁形貌

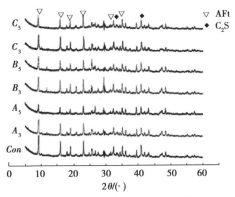

图 3.9　掺有不同级别和掺量粉煤灰的 UHBFC 的 XRD 衍射图谱

由图 3.7 可知,掺有不同级别粉煤灰的 UHBFC 在掺量相同时的比强度相差不大,尤其是掺有 Ⅱ 级粉煤灰和 Ⅰ 级粉煤灰的 UHBFC 比强度很接近,但都略高于掺有 Ⅲ 级粉煤灰的 UHBFC 的比强度。这是因 Ⅱ 级粉煤灰和 Ⅰ 级粉煤灰细度相近且都小于 Ⅲ 级粉煤灰,而且 Ⅱ 级粉煤灰和 Ⅰ 级粉煤灰中的球形微珠数量较多,不仅有效地改善了 UHBFC 浆体的流动性,而且填充 UHBFC 孔壁上微观孔的效果更佳,减少了连通孔,同时也更好地改善了宏观孔。因此,掺有 Ⅱ 级粉煤灰和 Ⅰ 级粉煤灰的 UHBFC 的力学性能要优于掺有 Ⅲ 级粉煤灰的 UHBFC。但是,因水化产物 AFt 的减少,掺有 Ⅱ 级粉煤灰和 Ⅰ 级粉煤灰的 UHBFC 的力学性能还是不及组 Con 的 UHBFC。由图 3.8 可知,UHBFC 中连通孔的数量随着 Ⅱ 级粉煤灰和 Ⅰ 级粉煤灰掺量的增加而减少,尤其是掺有 Ⅰ 级粉煤灰的 UHBFC 中,孔壁致密,孔结构中有害孔较少。然而,Ⅲ 级粉煤灰对 UHBFC 孔结构的改善效果却不明显。

3.3.4　粉煤灰对固废基超轻泡沫混凝土导热系数的影响

由图 3.10 可知,与组 Con 的 UHBFC 相比,掺入 3 种级别粉煤灰的 UHBFC 的导热系数均出现不同程度的降低。一是因粉煤灰本身的导热系数要低于高贝利特硫铝酸盐水泥;二是由图 3.8 可知,粉煤灰的加入有效改善了孔结构,减

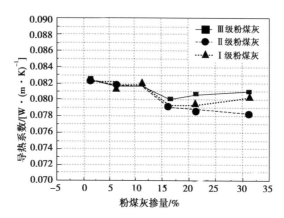

图 3.10　UHBFC 的导热系数随不同级别的粉煤灰
掺量的变化趋势图

少了连通孔。当粉煤灰掺量低于 10% 时,UHBFC 的导热系数随着粉煤灰掺量的增加而缓慢降低,掺有 3 种不同级别粉煤灰的 UHBFC 的导热系数相差不大。当粉煤灰掺量超过 10% 时,掺有不同级别粉煤灰的 UHBFC 的导热系数呈现出不同的趋势。掺有 II 级粉煤灰的 UHBFC 的导热系数随着掺量的增加呈不断降低的趋势,但掺有 III 级粉煤灰和 I 级粉煤灰的 UHBFC 的导热系数却随着掺量的增加呈先降低后增大的趋势。这种现象可能是由不同组的 UHBFC 的干密度不同所导致的。总体来看,掺有 II 级粉煤灰和 I 级粉煤灰的 UHBFC 的导热系数要低于掺有 III 级粉煤灰的 UHBFC。由图 3.10 可知,当 II 级粉煤灰产量为 30% 时,UHBFC 的导热系数最小为 0.0783 W/(m·K)。这种现象可从两方面来解释:一方面是 II 级粉煤灰和 I 级粉煤灰中的球形微珠数要大于 III 级粉煤灰,这些微珠都是中空的本身就具有良好的隔热性能,因此,它们掺入 UHBFC 中有利于降低导热系数;另一方面可从图 3.8 中不同组 UHBFC 的孔结构差异来解释,在粉煤灰掺量相同时,掺有 III 级粉煤灰的 UHBFC 的孔径与组 Con 的 UHBFC 相近,孔结构也没有得到有效改善,而掺有 II 级粉煤灰和 I 级粉煤灰的 UHBFC 的孔径明显增大,连通孔数量减少,孔壁结构致密。因此,掺有 II 级粉煤灰和 I 级粉煤灰的 UHBFC 的导热系数略低于掺有 III 级粉煤灰和组 Con 的 UHBFC。

3.3.5　粉煤灰对固废基超轻泡沫混凝土拉伸黏结强度的影响

如图 3.11 所示,掺入 3 种级别的粉煤灰都使 UHBFC 的拉伸黏结强度呈现不同程度的降低,不掺粉煤灰的 UHBFC 的拉伸黏结强度最高为 0.179 MPa,这是高贝利特硫铝酸盐水泥的黏结性能优于粉煤灰。由图 3.8 和图 3.9 也可知,不掺粉煤灰的 UHBFC 水化产物中分布着较多的 AFt 和 C-S-H 凝胶,这导致组 *Con* 的 UHBFC 具有较高的拉伸黏结强度。

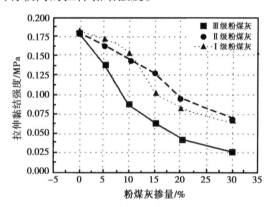

图 3.11　UHBFC 的拉伸黏结强度随不同级别的
粉煤灰掺量的变化趋势图

如图 3.12(a)所示,当承受拉力时不掺粉煤灰的 UHBFC 试样几乎从正中间断开,而且断面较为平整,这表明不掺粉煤灰的 UHBFC 与砂浆基底的黏结较好,其中的水化产物较多,且在孔壁上分布较为均匀。掺有 Ⅱ 级粉煤灰和 Ⅰ 级粉煤灰的 UHBFC 的拉伸黏结强度要高于掺有 Ⅲ 级粉煤灰的 UHBFC。这是因为与 Ⅲ 级粉煤灰相比,Ⅱ 级粉煤灰和 Ⅰ 级粉煤灰中含有较多的球形微珠,未参与早期水化的微珠可有效地填充 UHBFC 的孔隙,使孔结构更加致密,提高整体承载能力。另外,Ⅱ 级粉煤灰和 Ⅰ 级粉煤灰的活性好于 Ⅲ 级粉煤灰(见图 3.8),掺有 Ⅱ 级粉煤灰和 Ⅰ 级粉煤灰的 UHBFC 的水化产物生长发展程度要好于掺有 Ⅲ 级粉煤灰的 UHBFC。由图 3.12(b)和(c)可知,掺有 Ⅱ 级粉煤灰和 Ⅰ 级粉煤灰的 UHBFC 试样在拉力作用下从中下部位置断裂,而且断面不太平整,说明其黏结性能与组 *Con* 的 UHBFC 相比有所降低,水化产物在孔壁分布的均匀性也较差,整体承载能力低于组 *Con* 的 UHBFC。由图 3.12 (d)可知,掺有Ⅲ级粉煤灰的 UHBFC 在拉力作用下几乎完全从砂浆基底上分离下来,这表明掺有Ⅲ级粉煤灰的 UHBFC 的拉伸黏结强度极差。

(a)粉煤灰掺量为0   (b)Ⅰ级粉煤灰掺量为15%

(c)Ⅱ级粉煤灰掺量为15%   (d)Ⅲ级粉煤灰掺量为15%

图 3.12　拉伸黏结强度测试后 UHBFC 试样破坏形态

3.3.6　粉煤灰对固废基超轻泡沫混凝土收缩值的影响

为了进一步探究不同级别和掺量的粉煤灰对 UHBFC 收缩的影响,观察并测试了组 *Con*, A_3, A_5, B_3, B_5, C_3, C_5 UHBFC 的收缩值随养护时间变化规律。另外,同时测试了干密度相当的硅酸盐水泥基超轻泡沫混凝土(UPCFC)的干燥收缩值,用以对比 UHBFC 与 UPCFC 收缩值的差异,其相应的组别命名为 P_0。

其收缩值随养护时间的变化如表 3.5 和图 3.13 所示。在养护过程中,随着试样收缩变化相应的水分散失率如表 3.5 和图 3.14 所示。

表 3.5　UHBFC 和 UPCFC 的收缩值以及水分散失率随养护时间变化

性能	组别	6 h	18 h	24 h	72 h	168 h	672 h
收缩值 /(mm·m⁻¹)	Con	0.125	0.623	0.685	0.996	1.245	1.792
	P_0	0.371	0.565	1.143	2.638	3.632	5.329
	A_3	0.584	0.897	2.231	2.523	2.794	3.105
	A_5	1.027	2.194	3.102	3.477	3.915	4.342
	B_3	0.713	1.000	1.750	2.001	2.436	2.930
	B_5	1.028	1.865	2.012	2.117	2.506	3.069
	C_3	1.091	1.528	1.902	2.027	2.308	2.879
	C_5	1.401	1.837	2.117	2.366	2.633	3.171
水分损失率 /%	Con	4.66	8.83	11.68	22.89	24.55	25.34
	P_0	5.67	11.27	15.88	24.33	26.95	28.32
	A_3	3.14	7.89	11.28	22.16	23.56	24.68
	A_5	3.63	8.93	12.87	25.49	26.01	26.98
	B_3	2.68	6.69	10.16	21.12	23.14	24.09
	B_5	2.46	7.06	11.01	21.86	23.86	24.87
	C_3	2.35	6.59	9.23	19.60	21.65	22.86
	C_5	2.32	7.09	9.99	21.65	23.00	23.22

如表 3.5 和图 3.13 所示,UHBFC 和 UPCFC 的收缩值随着养护时间的变化呈现不同的规律。UHBFC 收缩值的变化可大致分为两个阶段:第一阶段是 0 ~ 24 h,在这一阶段 UHBFC 的收缩值随着养护时间变化几乎呈垂直上升的趋势,其 24 h 收缩值可为 672 h 收缩值的 50% 以上;第二阶段是 24 h 以后,在这一阶段 UHBFC 的收缩值随养护时间的变化呈缓慢上升的趋势。UPCFC 的收缩值几乎在 672 h 内随养护时间的变化都呈较大幅度的上升,虽然在后期增长幅度有削弱的趋势,但这种趋势并不明显。UPCFC 收缩值的变化趋势与 UHBFC 相

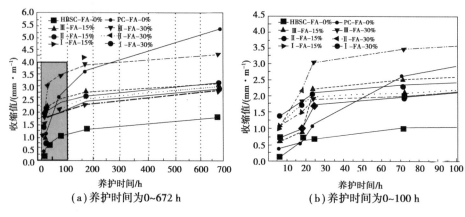

图 3.13 UHBFC 和 UPCFC 的收缩值随养护时间的变化规律

比还有明显的不同是它在 0～24 h 的收缩值较低,而在 24～168 h 增长速度最快,UPCFC 的 72 h 收缩值几乎已超过所有组的 UHBFC 收缩值,甚至 168 h 以后收缩值增长速率仍然较快。这主要是由这两种水泥水化阶段和水化速度的不同而造成的,GHBSC 在 24 h 内的水化反应迅速,产生大量的水化产物,24 h 的抗压强度可为 7 d 抗压强度的 70% 以上。而硅酸盐水泥在早期水化速度较为缓慢,水化过程主要集中在 72～168 h,甚至 168 h 以后水化反应还比强烈。据调查,水泥的水化将消耗大量的水,虽然水化后固相体积有所增加,但固相和液相的总体积减小了,生成的固相材料无法完全填补原始水分占据的空间,从而发生化学收缩。GHBSC 和硅酸盐水泥的水化周期与水化阶段都不同,则产生化学收缩的变化趋势也不同。由图 3.13 可知,总体上,UHBFC 的收缩要远低于UPCFC 的收缩,其 672 h 收缩值分别为 1.792,5.329 mm/m。造成这种现象的原因主要有两个方面:一方面,GHBSC 可在 24 h 内达到较高的强度,这使其有足够的刚度抵抗因水分散失造成的干燥收缩,而硅酸盐水泥在前期增长缓慢,早期干燥收缩抵抗能力较弱;另一方面是由于 GHBSC 的主要水化产物为 AFt,AFt 具有微膨胀性,它的存在能一定程度上弥补一部分收缩。因此,UHBFC 的收缩值要低于 UPCFC 的收缩值。

由图 3.13 可知,不论是第一阶段还是第二阶段掺粉煤灰的 UHBFC 的收缩值要比未掺粉煤灰的 UHBFC 高。第一阶段是水化反应的主要阶段，也是收缩值迅速增加的阶段，粉煤灰的加入，尤其是Ⅱ级粉煤灰和Ⅰ级粉煤灰的加入，增加了有效水灰比，起到了稀释作用，粉煤灰较高的比表面积可吸附一部分水化产物，在一定程度上促进水化。因此，在这一阶段，掺粉煤灰的 UHBFC 的化学收缩要高于不掺粉煤灰的 UHBFC。如图 3.8 和图 3.9 所示，随着 3 种级别的粉煤灰的掺量的增加，UHBFC 中具有微膨胀效应的 AFt 含量有所降低。因此，在第一阶段，掺粉煤灰的 UHBFC 的收缩值要比不掺粉煤灰的 UHBFC 的收缩值增长速度更快。但在第一阶段，不同级别和掺量的粉煤灰对 UHBFC 收缩影响的区别并不明显。因为在第一阶段同时存在化学收缩和干燥收缩，且化学收缩更强烈，不同级别的粉煤灰中化学成分的不同也会引起化学收缩的差异，所以难以评估在这一阶段粉煤灰级别和掺量对 UHBFC 收缩的影响。在第二阶段，掺有不同级别和掺量粉煤灰的 UHBFC 的收缩值随养护时间呈现出不同的变化规律。对于掺有相同级别粉煤灰的 UHBFC 来说，随着粉煤灰掺量的增加其收缩值有增大的趋势，掺有Ⅱ级粉煤灰和Ⅰ级粉煤灰的 UHBFC 的收缩值要低于掺有Ⅲ级粉煤灰的 UHBFC。这是因为粉煤灰的活性低于 HBSC，尤其是Ⅲ级粉煤灰只能起到填充作用而几乎没有活性，随着粉煤灰掺量的增加，UHBFC 中水化生成的 AFt 和 C-S-H 凝胶相对减少，微膨胀性减弱，强度降低。虽然粉煤灰的加入，特别是Ⅱ级粉煤灰和Ⅰ级粉煤灰的加入，会填充部分孔隙，使孔隙结构致密，但整体结构相对疏松，胶结性不良。由图 3.7 和图 5.11 也可知，随着粉煤灰掺量增加，尤其是Ⅲ级粉煤灰掺量增加，UHBFC 的比强度和拉伸黏结强度都不断降低。因此，与不掺粉煤灰的 UHBFC 相比，掺有粉煤灰的 UHBFC 抵抗因水分散失而产生的应力的能力较弱，导致收缩值较大。但是，这种结果却不同于用硅酸盐水泥制备的泡沫混凝土，Chindaprasirt 和 Rattanasak，以及 Roslan 等研究发现，粉煤灰的加入有利于降低硅酸盐水泥基泡沫混凝土的收缩。这是由于硅酸盐水泥在水化过程中会产生大量氢氧化钙，粉煤灰能在这种碱性环境中充分发挥其火山灰效应，有利于强度的增长，抵抗收缩的能力有所增强。然而，在 GHBSC 的水化过程中几乎没有氢氧化钙的生成,粉煤灰的加入不但不能发挥火山灰效应增加其强度,反而会减少水化产物的生成,降低强度,因此,不利于抵抗 UHBFC 的干燥收缩。

由图 3.13 和图 3.14 可知,在养护过程中,UHBFC 的收缩变化与水分损失率具有一定的相关性。总体来看,UHBFC 的水分损失速度越快,收缩值增加也越快;水分损失速度越慢,收缩值增长速度也越慢。但是,它们之间的关系不是确定的,十分复杂。例如,在 24 h 内 UPCFC 的水分损失率高于 UHBFC,但其 24 h 内的收缩值却低于 UHBFC。这不仅能从侧面反映出 UHBFC 的孔结构优于 UPCFC,而且也表明在 24 h 内 UHBFC 主要由高贝利特硫铝酸盐水泥快速水化反应造成的化学收缩要高于 UPCFC 主要由水分损失而造成的干燥收缩。由图 3.13 和图 3.14 还可知,掺有 II 级粉煤灰和 I 级粉煤灰的 UHBFC 的水分损失率要低于不掺粉煤灰的 UHBFC,但掺有 II 级粉煤灰和 I 级粉煤灰的 UHBFC 的收缩值却高于不掺粉煤灰的 UHBFC。这是因不掺粉煤灰的 UHBFC 中具有较多的 AFt 和 C-S-H 凝胶,使其具有较高的比强度和拉伸黏结强度,抵抗收缩变形的能力也较强。但是,不掺粉煤灰的 UHBFC 的孔结构较差,有较多的连通孔,容易造成水分损失。如图 3.8 所示,掺入粉煤灰的 UHBFC 的粉煤灰,尤其是掺入 II 级粉煤灰和 I 级粉煤灰的 UHBFC 连通孔较少,而且孔壁结构致密,水

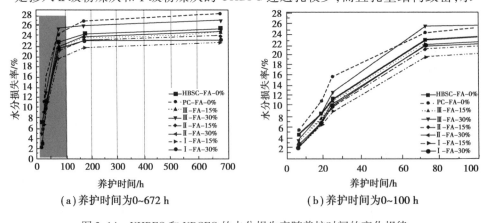

(a) 养护时间为0~672 h   (b) 养护时间为0~100 h

图 3.14　UHBFC 和 UPCFC 的水分损失率随养护时间的变化规律

分较难散失。从图 3.14 可知,掺有Ⅲ级粉煤灰的 UHBFC 的水分损失率高于掺有Ⅱ级粉煤灰和Ⅰ级粉煤灰的 UHBFC,这也是导致掺有不同级别粉煤灰的 UHBFC 收缩值差异的原因之一。造成水分损失率差异的原因是这 3 种级别的粉煤灰颗粒形态存在较大差异,粉煤灰中含有的球形微珠粒径和数量不同,对 UHBFC 孔结构的改善效果也不同。

3.4 结 论

① 3 种级别的粉煤灰的掺入都会不同程度地降低 UHBFC 的干密度。随着Ⅲ级粉煤灰和Ⅰ级粉煤灰的掺入,UHBFC 的干密度呈先降低后增加趋势,而随着Ⅱ级粉煤灰掺量的增加,UHBFC 的干密度呈逐渐降低趋势。随着 3 种级别粉煤灰掺量的增加,UHBFC 的比强度都呈逐渐降低的趋势。在粉煤灰掺量相同时,掺有Ⅰ级粉煤灰和Ⅱ级粉煤灰的 UHBFC 的比强度相差不大,但都略高于掺有Ⅲ级粉煤灰的 UHBFC。

② Ⅲ级粉煤灰的加入并没有对 UHBFC 的孔结构起到改善作用,Ⅰ级粉煤灰和Ⅱ级粉煤灰的加入,尤其是Ⅰ级粉煤灰的加入,较好地改善了 UHBFC 的孔结构,减少了连通孔,使孔壁结构更加致密。但是,粉煤灰的掺入使 UHBFC 中水化产物相对减少。

③ 3 种级别粉煤灰的加入都不同程度地降低了 UHBFC 的导热系数。其中,Ⅰ级粉煤灰和Ⅱ级粉煤灰降低 UHBFC 导热系数的效果最好。随着 3 种级别粉煤灰掺量的增加,UHBFC 的拉伸黏结强度呈逐渐降低的趋势。总体来看,掺有Ⅰ级粉煤灰和Ⅱ级粉煤灰的 UHBFC 的拉伸黏结强度高于掺Ⅲ级粉煤灰的 UHBFC。

④ UHBFC 的收缩值在 24 h 内增长速度最快,之后趋于平缓,UPCFC 的收缩值几乎在 672 h 内都呈不断增长的趋势。3 种级别粉煤灰的掺入增大了 UHBFC 的收缩值,但它们的收缩值仍低于 UPCFC 的收缩值。UHBFC 收缩值增长速度

与其水分损失率有一定的相关性。总体上,水分损失速度越快,UHBFC 收缩值增长速度越快。掺有 I 级粉煤灰和 II 级粉煤灰的 UHBFC 的收缩值普遍高于掺有 III 级粉煤灰的 UHBFC。

第 4 章　基于正交试验下固废基超轻泡沫混凝土配制

4.1　引　言

在第 2 章和第 3 章中,已相继探究了不同发泡方案和不同级别的粉煤灰对 UHBFC 性能以及微观结构的影响。研究发现,选用植物蛋白型发泡剂在发泡剂稀释比为 1∶30,发泡机吸液阀角度 α 为 60°时制得的 UHBFC 的综合性能较好,且孔结构优良。粉煤灰的掺入不但可降低成本,而且可从某些方面改善 UHBFC 的性能。其中,Ⅱ级粉煤灰和Ⅰ级粉煤灰效果更好,且Ⅱ级粉煤灰价格低于Ⅰ级粉煤灰,可选用Ⅱ级粉煤灰来制备 UHBFC。

本章中将选用植物蛋白型发泡剂,并控制发泡剂稀释比为 1∶30,发泡机吸液阀角度 α 为 60°不变,采用正交试验综合探究粉煤灰掺量、泡沫掺量、水胶比及减水剂掺量对 UHBFC 性能和微观结构的影响,通过极差分析和方差分析来筛选出各因素的优水平,探究影响 UHBFC 性能的因素主次顺序,筛选并分析出满足装配式保温墙板中要求物理指标的配合比,并衡量其性价比。

4.2 原材料与实验方案

4.2.1 原材料

GHBSC 由本实验室烧制,详见第 2 章 2.2 节;Ⅱ级粉煤灰,详见第 3 章 3.2 节;植物蛋白型发泡剂,详见第 2 章 2.2 节;萘系高效减水剂,详见第 2 章 2.2 节;水,自来水。

4.2.2 配合比和正交试验设计

本次试验中,选择粉煤灰掺量、水胶比、泡沫掺量及减水剂掺量作为正交试验的 4 个因素。其中,粉煤灰掺量取 0%,5%,10%,15% 4 个水平,水胶比取 0.35,0.40,0.45,0.50 这 4 个水平,泡沫掺量分别占胶凝材料质量的 13%,14%,15%,16%,减水剂分别占胶凝材料质量的 0%,0.4%,0.6%,0.8%。正交试验的因素和水平表与 $L_{16}(4^4)$ 配合比正交试验列阵见表 4.1 和表 4.2。

表 4.1 正交试验因素和水平表

因素	水 平			
	粉煤灰掺量(A)	水胶比(B)	泡沫掺量(C)	减水剂掺量(D)
1	0%	0.35	13%	0%
2	5%	0.40	14%	0.4%
3	10%	0.45	15%	0.6%
4	15%	0.50	16%	0.8%

表4.2　$L_{16}(4^4)$ 配合比正交试验列阵

因素	组　别			
	粉煤灰掺量(A)	水胶比(B)	泡沫掺量(C)	减水剂掺量(D)
d_1	0%	0.35	13%	0%
d_2	0%	0.40	14%	0.4%
d_3	0%	0.45	15%	0.6%
d_4	0%	0.50	16%	0.8%
d_5	5%	0.35	14%	0.6%
d_6	5%	0.40	13%	0.8%
d_7	5%	0.45	16%	0%
d_8	5%	0.50	15%	0.4%
d_9	10%	0.35	15%	0.8%
d_{10}	10%	0.40	16%	0.6%
d_{11}	10%	0.45	13%	0.4%
d_{12}	10%	0.50	14%	0%
d_{13}	15%	0.35	16%	0.4%
d_{14}	15%	0.40	15%	0%
d_{15}	15%	0.45	14%	0.8%
d_{16}	15%	0.50	13%	0.6%

4.2.3　固废基超轻泡沫混凝土性能的表征

UHBFC 的干密度、抗压强度、导热系数、吸水率及微观结构的表征方法详见第 2 章 2.2 节。

4.3　实验结果和讨论

16 组 UHBFC 的干密度、抗压强度和导热系数测试结果见表 4.3,相应的极差分析表见表 4.4—表 4.6。

表 4.3　正交试验下 16 组 UHBFC 的各项物理性能测试结果

组别	干密度/(kg·m^{-3})	抗压强度/MPa	导热系数/[W·(m·K)$^{-1}$]
d_1	292.5	0.40	0.079 8
d_2	352.4	0.77	0.085 0
d_3	328.8	0.62	0.081 8
d_4	300.7	0.49	0.078 5
d_5	327.1	0.59	0.082 0
d_6	348.3	0.70	0.083 0
d_7	283.8	0.39	0.076 5
d_8	312.1	0.53	0.079 6
d_9	311.7	0.51	0.079 0
d_{10}	292.4	0.43	0.076 0
d_{11}	348.8	0.65	0.083 5
d_{12}	322.2	0.49	0.080 6
d_{13}	280.1	0.32	0.075 5
d_{14}	298.6	0.34	0.075 7
d_{15}	327.5	0.48	0.080 2
d_{16}	343.1	0.59	0.082 2

表 4.4　UHBFC 干密度的极差分析表

项目	粉煤灰掺量(A)	水胶比(B)	泡沫掺量(C)	减水剂掺量(D)
K_1	318.6	302.9	333.2	299.3
K_2	317.8	322.9	332.3	323.4
K_3	318.8	322.2	312.8	322.9
K_4	312.3	319.5	289.3	322.0
极差	6.5	20.1	43.9	24.1
优水平	4	1	4	1
因素主次顺序	$C > D > B > A$			

表 4.5　UHBFC 抗压强度的极差分析表

项目	粉煤灰掺量(A)	水胶比(B)	泡沫掺量(C)	减水剂掺量(D)
K_1	0.57	0.46	0.59	0.41
K_2	0.55	0.56	0.58	0.57
K_3	0.52	0.54	0.5	0.56
K_4	0.43	0.53	0.41	0.55
极差	0.14	0.11	0.18	0.16
优水平	1	2	1	2
因素主次顺序	$C > D > A > B$			

表 4.6　UHBFC 导热系数的极差分析表

项目	粉煤灰掺量(A)	水胶比(B)	泡沫掺量(C)	减水剂掺量(D)
K_1	0.081 3	0.079 1	0.082 1	0.078 2
K_2	0.080 3	0.079 9	0.082 0	0.080 9
K_3	0.079 8	0.080 5	0.079 0	0.080 5
K_4	0.078 4	0.080 2	0.076 6	0.080 2
极差	0.002 9	0.001 4	0.005 5	0.002 8
优水平	4	1	4	1
因素主次顺序	$C > A > D > B$			

4.3.1　不同因素对超轻泡沫混凝土干密度的影响

不同因素和水平与 UHBFC 干密度的关系如图 4.1 所示。不同因素对 UHBFC 干密度的影响呈现出不同的规律,16 组 UHBFC 的干密度都在 350 kg/m³ 以内。由图 4.1 可知,粉煤灰掺量对 UHBFC 干密度影响较小,随着粉煤灰掺量增加,UHBFC 干密度呈现出先降低后增加再降低的趋势,上下浮动较小,其规律性并不明显。虽然在第 3 章的试验中发现,随着 II 级粉煤灰掺量增

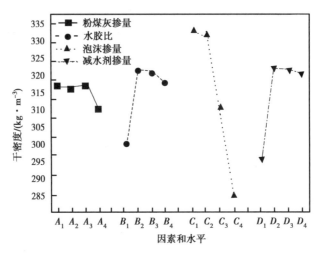

图 4.1　不同因素和水平对 UHBFC 干密度的影响

加,UHBFC 干密度呈现了降低的趋势,但在掺量较低时干密度变化也不明显,只有在掺量超过了 10% 时其干密度才出现较明显降低。同样,由图 4.1 也可知,当粉煤灰掺量在 10% 以内时,UHBFC 的干密度相差不大,但当掺量到达 15% 时,UHBFC 的干密度开始出现较明显的降低。综合来看,当粉煤灰掺量较少时,UHBFC 的干密度并不会随着粉煤灰掺量产生规律的变化,但当掺量较高时可有效降低 UHBFC 干密度。随着水胶比的增加,UHBFC 的干密度呈先增加后减小的趋势,这是因一开始随着水胶比增加,UHBFC 浆体中水分增多,泡沫中的气泡不断吸水直到趋于饱和,液泡膜较薄的一些泡沫难以承受压力便会发生破裂,液膜较厚的承压能力较强的气泡则能保存下来,泡沫中实际气泡数减少使 UHBFC 浆体密度增加,导致最后成型的 UHBFC 的干密度增加。而水胶比继续增加,UHBFC 浆体里的水分继续增加,但此时泡沫中保存下来的气泡都趋于饱和状态,不会再继续吸水,则会导致 UHBFC 浆体明显变稀,水量远超出实际参与水化需要的用水量,自由水含量增加,当浇模养护成型时大量自由水蒸发,使得最后 UHBFC 干密度降低。泡沫是撑起 UHBFC 体积的主要物质,由表 4.4 可知,它是影响 UHBFC 干密度的最显著因素。如图 4.1 所示,随着泡沫掺量增加,UHBFC 的干密度却呈逐渐下降的趋势。当泡沫掺量为 13% 和 14%

时,UHBFC 的干密度相差并不大;当掺量超过 14% 时,UHBFC 的干密度下降幅度增大。这是因随着泡沫掺入量增加,UHBFC 混合浆体的体积增加,浆体密度减小,使最后浇模养护成型的 UHBFC 试样密度减小。

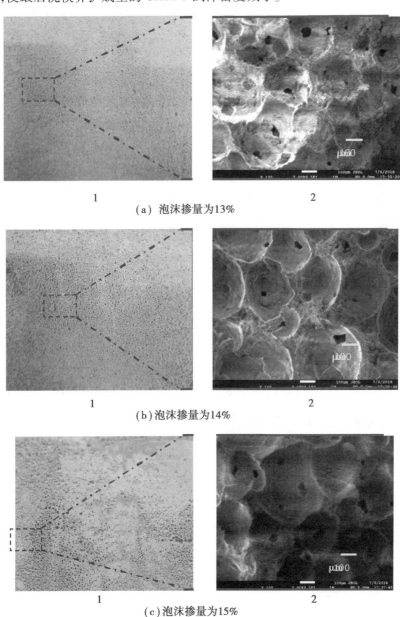

1　　　　　　　　　　　　　　　　　　2
（a）泡沫掺量为13%

1　　　　　　　　　　　　　　　　　　2
（b）泡沫掺量为14%

1　　　　　　　　　　　　　　　　　　2
（c）泡沫掺量为15%

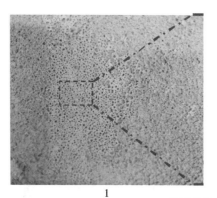 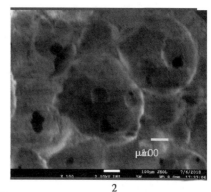

1   2

（d）泡沫掺量为16%

图4.2　不同泡沫掺量下 UHBFC 试样的表面照片和 SEM 微观孔结构图

1—泡孔结构;2—孔壁形貌

不同泡沫掺量下 UHBFC 的微观孔结构如图 4.2 所示。当泡沫掺量为 13%时,UHBFC 的孔径较小,平均孔径约为 170 μm;当泡沫掺量为 14%时,UHBFC 的平均孔径约为 180 μm;当泡沫掺量为 15%时,其平均孔径约为 210 μm;当掺量为 16%时,UHBFC 的孔径相差悬殊,其最大的孔径可达 450 μm,平均孔径也在 250 μm。可知,UHBFC 的平均孔径随着泡沫掺量的增加不断增大,这也能从一定程度上反映出随着泡沫掺量的增加。UHBFC 中气孔占得体积不断增加,这也是导致 UHBFC 干密度不断降低的主要原因之一。如图 4.1 所示,随着减水剂掺量的增加,UHBFC 的干密度先增大后减小。相关研究发现,适量的减水剂可有效改善浆体的流动性,使泡沫与浆体更好地相容,有利于维持泡沫的稳定。但是,减水剂的加入也会降低浆体的黏度,导致一部分气泡破裂。当减水剂掺量为 0.4%时,可能减水剂并不足以有效改善浆体流动性维持气泡稳定,反而降低了浆体黏度,使相当一部分气泡破裂,从而导致 UHBFC 干密度增加。当减水剂掺量继续增加,UHBFC 浆体流动性得到有效改善,且浆体硬度降低,使破裂的气泡数相对减少。因此,UHBFC 的干密度呈降低趋势。

4.3.2　不同因素对超轻泡沫混凝土抗压强度的影响

如图 4.3 所示，UHBFC 的抗压强度随着粉煤灰掺量的增加不断降低。这一规律与第 3 章中不同级别和掺量粉煤灰对 UHBFC 抗压强度影响的规律一致。由于高贝利特硫铝酸盐水泥是提供强度的主要胶凝材料，是水化反应的主要参与者，其具有早强高强、快凝快硬的

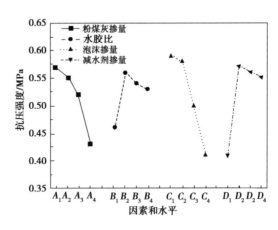

图 4.3　不同因素和水平对 UHBFC 抗压强度的影响

特点，但水化过程中几乎不产生氢氧化钙等碱性物质，故粉煤灰的加入几乎很少参与水化，难以发挥其火山灰效应，它的加入量增多会使提供强度的水化产物减少（见图 3.9）。因此，UHBFC 的抗压强度随着粉煤灰掺量的增加不断降低。另外，由图 4.4 中不同粉煤灰掺量下的 UHBFC 孔壁形貌可知，不掺粉煤灰的 UHBFC 的孔壁结构较致密，而随着粉煤灰掺量增加，UHBFC 的孔壁结构开始变得疏松。因此，从 UHBFC 的微观形貌特点，也可在一定程度上判定其抗压强度的差异。由图 4.3 可知，随着水胶比的增加和减水剂掺量的增加，UHBFC 的抗压强度都呈先增加后降低的趋势。当水胶比为 0.4、减水剂掺量为 0.4% 时，UHBFC 的抗压强度最高，这是因适当的水胶比和适量的减水剂掺量会使 UHBFC 浆体具有较好的流动性和均匀性，有利于增加 UHBFC 的强度。过高的水胶比会使浆体中多余的自由水含量增多，在养护过程中会使大量的自由水蒸发，降低其密度，甚至水分蒸发过多会使生成的水化产物难以填充水分蒸发前占据的空间而产生较多的连通孔，这些都对强度不利。由图 4.3 还可知，随着泡沫掺量的增加，UHBFC 的抗压强度不断降低，尤其当掺量超过 14% 时，强度降低幅度较大，这趋势与图 4.1 中泡沫掺量对干密度影响的趋势一致，这是因

泡沫掺量增加，气孔占的体积增加，而用于承受力的水泥石骨架减少，使 UHBFC 的抗压强度降低。

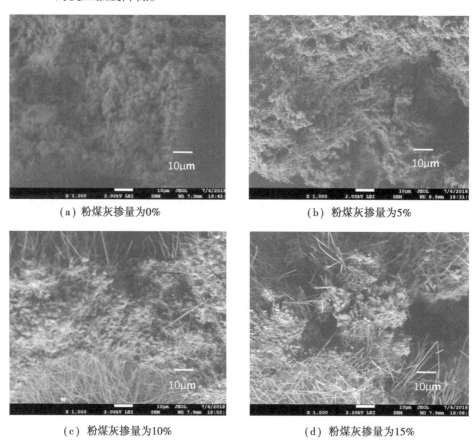

（a）粉煤灰掺量为0%　　　　　　　　（b）粉煤灰掺量为5%

（c）粉煤灰掺量为10%　　　　　　　　（d）粉煤灰掺量为15%

图 4.4　不同粉煤灰掺量下的 UHBFC 孔壁形态

4.3.3　不同因素对超轻泡沫混凝土导热系数的影响

如图 4.5 所示，UHBFC 的导热系数随着粉煤灰掺量增加逐渐降低，这规律与第 3 章中 II 级粉煤灰对 UHBFC 导热系数影响的规律一致。导致 UHBFC 导热系数随粉煤灰掺量增加而降低的原因有两个：一是粉煤灰中有许多中空的球形微珠，本身具有较低的导热系数；二是粉煤灰的加入改善可孔结构，减少了连通孔，有利于降低导热系数。随着泡沫掺量的增加，UHBFC 的导热系数也呈逐渐降低的趋势,这个趋势与泡沫掺量对 UHBFC 干密度和抗压强度影响的趋势一致。由图 4.1 和图 4.2 可知,随着泡沫掺量增加,UHBFC 的干密度不断减小,UHBFC 的孔径不断增大,气孔占据的体积增加,而空气的导热系数要低于其他材料。因此,UHBFC 的导热系数

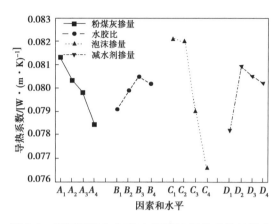

图 4.5　不同因素和水平对 UHBFC 导热系数的影响

不断降低。随着水胶比和减水剂掺量的增加,UHBFC 的导热系数都呈先增加后降低的趋势,它们是通过改变 UHBFC 浆体的流动性和硬度来影响泡沫与浆体的相容性以及泡沫在浆体中的稳定性,进而影响泡沫中气泡的完整性。当气泡破碎较多时,就会导致成型后的 UHBFC 出现较多的连通孔,在 UHBFC 干密度相近、所用胶凝材料相同时,连通孔的多少、孔结构的完整程度将会严重影响导热系数的高低。

4.3.4　极差和方差分析

由表 4.4 可知,影响 UHBFC 干密度的各因素的主次顺序为 $C>D>B>A$,干密度的最优因素水平为 $A_4B_1C_4D_1$,即当粉煤灰掺量为 15%、水胶比为 0.35、泡沫掺量为 16%、减水剂掺量为 0% 时,UHBFC 的干密度最低。影响 UHBFC 抗压强度的各因素主次顺序为 $C>D>A>B$,抗压强度的最优因素水平为 $A_1B_2C_1D_2$,即当粉煤灰产量为 0%、水胶比为 0.4、泡沫掺量为 13%、减水剂掺量为 0.4% 时,UHBFC 的抗压强度最高。影响 UHBFC 导热系数的各因素主次顺序为 $C>A>D>B$,导热系数的最优因素水平为 $A_4B_1C_4D_1$,即当粉煤灰掺量为 15%、水胶比为 0.35、泡沫掺量为 16%、减水剂掺量为 0% 时,UHBFC 的导热系数最低。

表4.7 UHBFC各项性能的方差分析

性能	参数	A	B	C	D	误差列
干密度 /(kg·m⁻³)	自由度 DOF	3	3	3	3	3
	平方和 SS_i	112.8	1 075.8	5 133.5	1 656.7	112.8
	均方 M_i	37.6	358.6	1 711.5	552.2	37.6
	方差比 VR_i	1.00	9.54*	45.52**	14.69*	1.00
抗压强度 /MPa	自由度 DOF	3	3	3	3	3
	平方和 SS_i	0.044 8	0.024 3	0.084 7	0.070 0	0.024 3
	均方 M_i	0.014 9	0.008 1	0.028 2	0.023 3	0.008 1
	方差比 VR_i	1.84	1.00	3.48	2.88	1.00
导热系数 /[W·(m·K)⁻¹]	自由度 (DOF)	3	3	3	3	3
	平方和 SS_i	1.717×10^{-5}	4.572×10^{-6}	8.256×10^{-5}	1.798×10^{-5}	4.572×10^{-6}
	均方 M_i	5.724×10^{-6}	1.524×10^{-6}	2.752×10^{-5}	5.992×10^{-6}	1.524×10^{-6}
	方差比 VR_i	3.76	1.00	18.06*	3.93	1.00

注：$F_{0.1}(3,3)=5.39$，$F_{0.01}(3,3)=29.46$；*，** 分别代表显著和非常显著。

　　为了进一步调查各因素对 UHBFC 不同性能影响的显著性差异,验证极差分析的准确性,筛选出满足 UHBFC 各项性能指标的最优配比,对各项性能进行方差分析。其方差分析结果见表 4.7。平方和 SS_i 可计算为

$$SS_i = 4((K_{1i} - K)^2 + (K_{2i} - K)^2 + (K_{3i} - K)^2 + (K_{4i} - K)^2)$$
$$(i = A, B, C, D) \qquad (4.1)$$

式中,各参数的含义详见第 2 章中式(2.9)。

　　由表 4.7 可知,对 UHBFC 的干密度,令最小均方($M_i^{min} = 354.1$)作为误差,令其对应的方差比为 1.00,其他因素下的均方都除以最小均方得到相应的方差比,下同。对 UHBFC 的干密度,由于 $1.00 < F_{0.1}(3,3) = 5.39 < 9.54 < 14.69 < F_{0.01}(3,3) = 29.46 < 45.52$。因此,各因素的显著性顺序为 $C>D>A>B$,与极差分析中各因素的主次顺序一致。对 UHBFC 的抗压强度,由于 $1.00 < 1.84 < 2.88 < 3.48 < F_{0.1}(3,3) = 5.39$。因此,各因素的显著性顺序为 $C>D>A>B$,与极差分析中各因素主次顺序一致。对 UHBFC 的导热系数,由于 $1.00 < 3.76 < 3.93 < F_{0.1}(3,3) = 5.39 < 18.06$,因此,各因素的显著性顺序为 $C>D>A>B$,而极差分析中的各因素主次顺序为 $C>A>D>B$。但由表 4.6 和表 4.7 可知,因素 A 和 D 的极差分别为 0.002 9 和 0.002 8,相差极小,而方差比分别为 3.76 和 3.93,相比于极差分析相差较大,并且方差分析要比极差分析更精准。因此,综合分析,对 UHBFC 导热系数,各因素的显著性顺序为 $C>D>A>B$。

　　对因素 A,虽然 UHBFC 干密度和导热系数对应的最优水平都为 A_4,但此水平下 UHBFC 的抗压强度过低,难以达到要求。由表 4.5 和表 4.6 可知,当粉煤灰掺量处于 A_3 水平,其抗压强度较高,同时导热系数也可达到要求,综合来看,对因素 A 可取 A_3 水平,即粉煤灰掺量为 10%。

　　对因素 B,虽然 UHBFC 干密度和导热系数对应的最优水平都为 B_1,但此水平下的 UHBFC 抗压强度也较低。由表 4.4—表 4.6 可知,当因素 B 处于 B_2 水平时,UHBFC 具有较高的抗压强度,同时导热系数较低,干密度也可达到要求。综合来看,对因素 B 可取 B_2 水平,即水胶比为 0.4。

对因素 C,虽然 UHBFC 干密度和导热系数对应的最优水平都为 C_1,但同样此水平下的抗压强度也过低,难以满足要求。由表4.4—表4.6 可知,当因素 C 处于 C_3 水平时,UHBFC 的抗压强度较高,同时干密度和导热系数较低。因此,对因素 C 可取 C_3 水平,即泡沫掺量为 10%。

对因素 D,由表4.4—表4.6 可知,干密度和导热系数对应的最优水平为 D_1,但此水平下 UHBFC 抗压强度较低。另从这 3 个表中可以发现,当因素 D 处于 D_2,D_3,D_4 水平时,UHBFC 的干密度、抗压强度和导热系数相差不多,同时又考虑减水剂成本较高,且过多的减水剂掺量可能会对气泡造成一定损害。因此,对因素 D 可取 D_2 水平,即减水剂掺量为 0.4%。

经过极差和方差分析可知,影响 UHBFC 干密度、抗压强度和导热系数的各因素显著性顺序都为 $C>D>A>B$。用于制备 UHBFC 的最优方案为 $A_3B_2C_3D_2$,即粉煤灰掺量为 10%,水胶比为 0.4,泡沫掺量为 15%,减水剂掺量为 0.4%。基于优化后的制备方案,本书进行了相应的实验验证,得到了干密度为 315 kg/m^3、抗压强度为 0.52 MPa、导热系数为 0.079 3 W/(m·K)的 UHBFC。

4.3.5 超轻泡沫混凝土的经济性分析

据调查,市场上 HBSC 的价格为 750 元/t,Ⅱ级粉煤灰价格为 300 元/t,植物蛋白型发泡剂价格为 4 900 元/t,萘系高效减水剂为 31 200 元/t。经计算,生产 1 m^3 满足性能要求的 UHBFC 约使用 200 kg 的 HBSC,50 kg 的Ⅱ级粉煤灰,6.5 kg 的植物蛋白型发泡剂和 1.5 kg 的萘系高效减水剂,总花费约为 243.65 元。虽然硅酸盐水泥的价格低于 HBSC,但其凝结速度较慢,早期强度较低。如果要想制备较低密度的泡沫混凝土,则对发泡剂性能要求极高,而且需要加入约 0.3% 的稳泡剂来延长稳泡时间,加入 0.6% 的促凝剂促进其凝结时间,以使泡沫的稳泡时间与硅酸盐水泥凝结硬化时间相匹配,提高早期强度,缩短施工工期。市场上硅酸盐水泥为 500 元/t,稳泡剂约为 208 000 元/t,促凝剂约为 31 270 元/t,经计算制备 1 m^3 同密度等级的硅酸盐水泥约需要 312.94 元。因此,总体来看,用 HBSC 制备 UHBFC 具有较好的经济优势,而且工程效率较高。

4.4 结 论

① 粉煤灰掺量增加对 UHBFC 干密度的影响并不明显,随着粉煤灰掺量增加,UHBFC 的抗压强度和导热系数逐渐降低,UHBFC 的孔壁结构变得疏松。随着水胶比的增加,UHBFC 的干密度、抗压强度和导热系数均呈先增加后降低的趋势。当水胶比为 0.35 时,其干密度和导热系数最低;当水胶比为 0.4 时,其抗压强度最高。随着泡沫掺量增加,UHBFC 的干密度、抗压强度和导热系数均不断降低。当泡沫掺量超过 14% 时,下降幅度较大,且随着泡沫掺量增加,UHBFC 的孔径增大,孔隙占的体积增加。随着减水剂掺量的增加,UHBFC 的干密度、抗压强度和导热系数均先增加后下降。当减水剂掺量为 0% 时,其干密度和导热系数最低,抗压强度最低;当减水剂掺量为 0.4% 时,其抗压强度最高。

② 经过极差和方差分析并通过综合评定的方法得知,影响 UHBFC 干密度、抗压强度和导热系数的各因素显著性顺序都为 $C>D>A>B$,筛选出的最优方案为 $A_3B_2C_3D_2$,即粉煤灰掺量为 10%,水胶比为 0.4,泡沫掺量为 15%,减水剂掺量为 0.4%。经过试验验证,此方案制备的 UHBFC 干密度为 315 kg/m³,抗压强度为 0.52 MPa,导热系数为 0.0793 W/(m·K)。

③ 经过经济分析,按优化后的方案制备 1 m³ 的 UHBFC 总花费约为 243.65 元,要比用硅酸盐水泥制备 1 m³ 相同密度等级的泡沫混凝土节省约 69.29 元,不仅成本较低,而且可在保证较好性能的条件下提高工程效率。

第 5 章 憎水剂对固废基超轻泡沫混凝土物理性能和防水效果影响

5.1 引　言

大量的水分渗入混凝土中将会降低其抗冻性,进而降低其抗压强度,氯离子和硫酸根离子等有害离子也会通过水这种传输介质进入混凝土内部造成钢筋锈蚀,严重影响混凝土结构的寿命。泡沫混凝土,尤其是超轻泡沫混凝土,其孔隙率要比普通混凝土孔隙率高得多,毛细吸水速度要比普通混凝土快得多。如果超轻泡沫混凝土吸入大量的水将会严重降低其强度和保温效果,还会大大增加建筑物的自重。即使超轻泡沫混凝土用作外墙保温夹层不会与水直接接触,但当长期处于湿度较大的环境或碰上雨季,难免会有部分水分渗入超轻泡沫混凝土夹层内部。因此,对固废基超轻泡沫混凝土进行防水处理十分有必要。

本章中,选用了硬脂酸钙、硬脂酸锌、聚硅氧烷及可再分散性乳胶粉这 4 种粉状憎水剂,按不同的比例内掺入 UHBFC 中,探究了它们对 UHBFC 干密度、抗压强度、导热系数、体积吸水率以及吸水后强度损失系数的影响。另外,选用了甲基聚硅氧烷树脂和含氢硅油两种液体憎水剂,在掺入或不掺硅烷偶联剂 KH550 的条件下,通过在 UHBFC 表面涂刷处理和将 UHBFC 浸泡在憎水剂中两种处理工艺,探究液体憎水剂单独作用下对 UHBFC 防水效果的影响和液体憎水剂与粉状憎水剂协同作用下的 UHBFC 的防水效果。

5.2　原材料与实验方案

5.2.1　原材料

GHBSC，Ⅰ级粉煤灰，其化学成分和矿物成分详见第 3 章中的表 3.2；植物蛋白型发泡剂，其技术指标见第 2 章中的表 2.4；粉状萘系高效减水剂，其技术指标见第 2 章中的表 2.5；本实验选用了硬脂酸钙、硬脂酸锌、聚硅氧烷及可再分散性乳胶粉 4 种粉状憎水剂，甲基聚硅氧烷树脂和含氢硅油两种液态憎水剂和一种硅烷偶联剂 KH550，其物理和化学性能指标见表 5.1。

表 5.1　憎水剂和硅烷偶联剂的物理性能指标

名　称	性　状	密度 /$(g \cdot cm^{-3})$	平均粒径 /μm	pH 值	黏度(25 ℃) /$(mm^2 \cdot s^{-1})$	折光率 (25 ℃)
硬脂酸钙	白色粉末	1.08	75	7～9	—	—
硬脂酸锌	白色粉末	1.09	75	7～8	—	—
聚硅氧烷	白色粉末	0.35	75	10～12	—	—
可再分散性乳胶粉	白色粉末	0.50	80	5～8	—	—
甲基聚硅氧烷树脂	无色液体	1.10	—	6～7	>1 000	1.38～1.42
含氢硅油	无色液体	0.98	—	6～8	5～300	1.39～1.42
KH550	无色液体	0.95	—	7～10	—	1.42～1.43

5.2.2　掺有粉状憎水剂的固废基超轻泡沫混凝土配合比设计

为探究粉状憎水剂内掺兑 UHBFC 物理性能及防水效果的影响，实验中控制其他量不变，粉煤灰掺量、水胶比、减水剂掺量及泡沫掺量分别为 15%，0.5，0.6%，15.5%。硬脂酸钙、硬脂酸锌、聚硅氧烷及可再分散性乳胶粉分别按胶

凝材料的 0% ,0.5% ,1.0% ,1.5% ,2.0% ,3.0% ,4.0% 外掺入泡沫混凝土中,
其相应的组别分别命名为 N_0 ,$CS_1 \sim CS_6$,$ZS_1 \sim ZS_6$,$PS_1 \sim PS_6$,$RDL_1 \sim RDL_6$。

5.2.3 液体憎水剂对固废基超轻泡沫混凝土的防水处理

为对比液体憎水剂对不掺粉状憎水剂的 UHBFC 和掺有粉状憎水剂的
UHBFC 的防水效果,分别用不加硅烷偶联剂 KH550 的甲基聚硅氧烷树脂和含
氢硅油与加 KH550 的甲基聚硅氧烷树脂和含氢硅油对组 N_0 和组 CS_6 的
UHBFC 试样进行防水处理。本实验采用表面涂刷法和浸泡法两种处理方式。
在处理前,将尺寸为 100 mm × 100 mm × 100 mm 的 UHBFC 试样用钢锯切割成
尺寸约为 45 mm × 45 mm × 45 mm 的试样。采用表面涂刷法时,要按
照 200 mL/m² 的剂量对试样的 6 个面进行涂刷;采用浸泡法时,试样需在液体
憎水剂中浸泡 1 h。

5.2.4 经防水处理后固废基超轻泡沫混凝土的性能表征

UHBFC 的干密度、抗压强度、导热系数、体积吸水率及微观结构的表征方
法详见第 2 章 2.2 节。

尺寸为 100 mm× 100 mm× 100 mm 的 UHBFC 试样在水中浸泡 3 d 后,将其
表面水分擦干,并测试其吸水后抗压强度。每组测试 3 个试件,取平均值作为
最后实验结果。强度损失系数可计算为

$$R_f = \frac{f_{cu}^0 - f_{cu}^{3d}}{f_{cu}^0} \tag{5.1}$$

式中 R_f——UHBFC 试样吸水后强度损失系数;

f_{cu}^0——在水中浸泡前,UHBFC 试样的抗压强度,MPa;

f_{cu}^{3d}——在水中浸泡 3 d 后,UHBFC 试样的抗压强度,MPa。

用视频光学接触角测试仪(见图 5.1)来测试滴在 UHBFC 试样的红墨水珠
与接触面的憎水角度。

图 5.1　视频光学接触角测试仪

5.3　实验结果和讨论

5.3.1　4 种粉状憎水剂对固废基超轻泡沫混凝土物理性能的影响

　　不同掺量的硬脂酸钙、硬脂酸锌、聚硅氧烷及可再分散性乳胶粉对 UHBFC 干密度、抗压强度和导热系数的测试结果见表 5.2。

表 5.2　掺有不同粉状憎水剂的 UHBFC 干密度、抗压强度和导热系数测试结果

组别	干密度/（kg·m^{-3}）	抗压强度/ MPa	导热系数/［W·(m·K)$^{-1}$］
N_0	280.9±3.1	0.42±0.007	0.0739±0.000 2
CS_1	273.9±2.4	0.46±0.017	0.077 2±0.000 8
CS_2	274.1±2.2	0.45±0.010	0.076 0±0.000 7
CS_3	276.3±2.6	0.48±0.010	0.074 9±0.000 9
CS_4	285.9±2.9	0.50±0.017	0.076 4±0.000 5
CS_5	286.8±3.5	0.45±0.007	0.073 0±0.000 3
CS_6	282.9±3.4	0.46±0.010	0.074 4±0.000 8
ZS_1	279.9±1.9	0.45±0.007	0.075 1±0.000 2

续表

组别	干密度/(kg·m⁻³)	抗压强度/MPa	导热系数/[W·(m·K)⁻¹]
ZS_2	276.3±2.6	0.46±0.003	0.074 5±0.000 7
ZS_3	298.3±3.9	0.54±0.020	0.083 3±0.001 1
ZS_4	283.1±2.5	0.46±0.010	0.076 9±0.000 4
ZS_5	299.1±2.6	0.48±0.007	0.081 3±0.000 8
ZS_6	295.0±2.8	0.43±0.003	0.076 6±0.000 6
PS_1	280.3±3.0	0.43±0.010	0.074 0±0.000 4
PS_2	287.1±3.1	0.42±0.003	0.074 8±0.000 4
PS_3	296.7±3.5	0.52±0.020	0.074 5±0.000 3
PS_4	295.3±2.8	0.48±0.010	0.075 5±0.000 9
PS_5	293.6±2.6	0.49±0.017	0.076 4±0.000 9
PS_6	286.7±3.2	0.46±0.010	0.074 7±0.000 1
RDL_1	270.5±1.9	0.47±0.007	0.068 6±0.000 2
RDL_2	282.9±2.8	0.46±0.017	0.077 8±0.000 5
RDL_3	296.6±2.8	0.49±0.010	0.078 6±0.000 8
RDL_4	289.1±2.5	0.41±0.003	0.076 2±0.000 6
RDL_5	278.6±3.6	0.38±0.003	0.070 2±0.000 3
RDL_6	298.7±2.4	0.39±0.010	0.078 8±0.000 5

由表 5.2 可知,UHBFC 的干密度随着 4 种粉状憎水剂的掺量的增加并没有明显的变化规律,它们的干密度都在 270 ~ 300 kg/m³。总体来看,掺有不同种类憎水剂的 UHBFC 的干密度存在轻微的差别,掺有硬脂酸锌、聚硅氧烷和可再分散性乳胶粉的 UHBFC 的干密度要高于不掺憎水剂和掺有硬脂酸钙的 UHBFC。这可能是硬脂酸锌、聚硅氧烷和可再分散性乳胶粉与泡沫的相容性较差,容易分散在浆体表面,阻止泡沫融入浆液或使气泡破裂,导致 UHBFC 浆体密度较高。

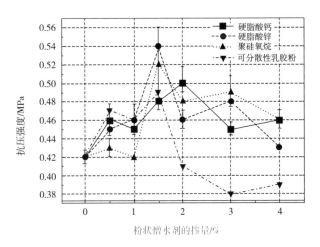

图 5.2 粉状憎水剂对 UHBFC 抗压强度影响

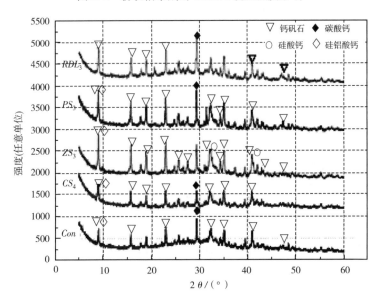

图 5.3 组 N_0，CS_4，ZS_3，PS_3，RDL_3 的 UHBFC 的 XRD 图谱

由图 5.2 可知,随着 4 种粉状憎水剂掺量的增加,UHBFC 的抗压强度先增大后减小,硬脂酸钙掺量为 2.0% 时抗压强度最大,为 0.5 MPa;硬脂酸锌、聚硅氧烷和可再分散性乳胶粉掺量为 1.5% 时抗压强度最大,分别为 0.54,0.52,0.49 MPa。这种现象可通过 UHBFC 的微观形貌和水化产物来解释。由图 5.3 和图 5.4 的 XRD 图谱可知,掺有 4 种粉状憎水剂的 UHBFC 中用来提供强度的

AFt 的峰值要高于不掺憎水剂的 UHBFC。另外,由图 5.5UHBFC 的微观形貌可知,憎水剂的掺入可能会影响或直接参与水化,使 UHBFC 的孔结构和孔壁形态发生变化,进而影响其抗压强度。

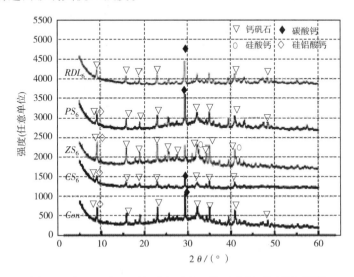

图 5.4   组 N_0,CS_6, ZS_6,PS_6,RDL_6 的 UHBFC 的 XRD 图谱

由图 5.5 可知,组 N_0 的 UHBFC 的孔径相差较大,而且孔的形态各异,连通孔较多,孔壁形态较为疏松。组 CS_4 的 UHBFC 的孔径较为均匀,连通孔较少,孔壁上紧凑分布着棒状和板状的水化产物,且上面覆盖着凝胶。结合图 5.3 的 XRD 图谱可推测,这些水化产物可能是 AFt 和硅铝酸钙,这样的孔壁形态使 UHBFC 有较高的强度。组 ZS_3 的 UHBFC 的孔径要大于其他组的 UHBFC 的孔径,这可能是由于硬脂酸钙具有吸湿性,与泡沫混合后,会吸收泡沫液桥之间与泡沫液膜中水分,加快泡沫的排液速度,减小液膜的厚度,导致两个或多个泡沫融合在一起。因此,UHBFC 浆体中气泡的平均直径增大,最后制备的 UHBFC 的平均孔径也增大。组 ZS_3 的 UHBFC 的孔壁较厚,孔壁上的水化产物看起来像是被凝胶紧紧黏结在一起。根据图 5.3 的 XRD 图谱可判定,这些凝胶层可能是硅酸钙和硅铝酸钙的结合物。掺硬脂酸锌的 UHBFC 的这种孔结构和孔壁形貌使它比其他组的 UHBFC 抗压强度要高。组 PS_3 的 UHBFC 的孔径与组 N_0

的 UHBFC 相似,但其孔壁上分布着较多棒状的 AFt,这保证了它较高的抗压强度。组 RDL_3 中的 UHBFC 的连通孔较少,且孔壁上有许多类似于树根和麻绳一样的水化产物紧紧缠绕着,这也使其抗压强度高于组 N_0 的 UHBFC。

当 UHBFC 的抗压强度到达一定的值就会随着粉状憎水剂掺量增加而呈降低趋势。这是因当憎水剂掺量过高时,它们会聚集在一起附着在胶凝材料表面,在形成水与胶凝材料之间形成防水屏障,以削弱水泥的水化作用。由图 5.3 和图 5.4 的 XRD 图谱也可知,憎水剂掺量为 4.0% 时的 AFt 的峰值要低于掺量为 1.5% 时的峰值。因此,憎水剂掺入过量会使 UHBFC 抗压强度下降。

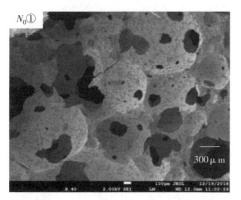

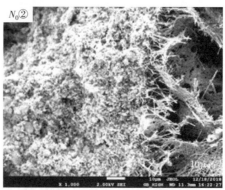

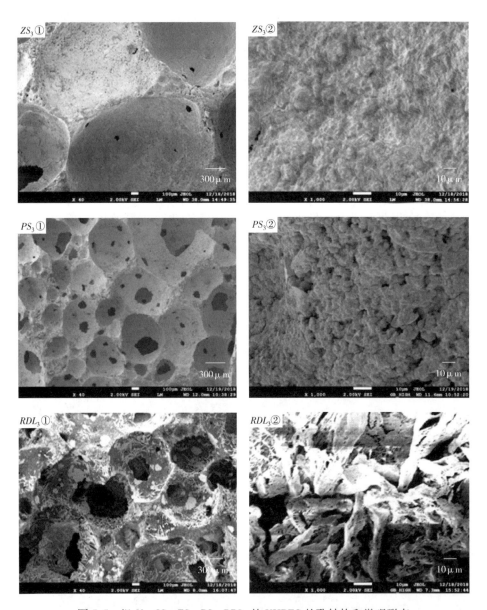

图 5.5 组 N_0，CS_4，ZS_3，PS_3，RDL_3 的 UHBFC 的孔结构和微观形态

由图 5.6 可知，不同种类和不同掺量的憎水剂对 UHBFC 导热系数的影响也没有明显规律。其中，随着硬脂酸锌和可再分散性乳胶粉掺量的增加，UHBFC 的导热系数上下波动较大，而随着硬脂酸钙和聚硅氧烷掺量增加，

UHBFC 的导热系数波动较小。这可能是掺有不同种类憎水剂的 UHBFC 干密度的差异所造成的。由表 5.2 可知,掺有硬脂酸锌和可再分散性乳胶粉的 UHBFC 的干密度相差较大,而掺有硬脂酸钙和聚硅氧烷的 UHBFC 的干密度相差较小。如图 5.6 和表 5.2 所示,当可再分散性乳胶粉的掺量为 0.5% 时, UHBFC 的导热系数最低,为 0.068 6 W/(m·K),同时其干密度也处于最低水平,为 270.5 kg/m³。当硬脂酸锌掺量为 1.5% 时,UHBFC 的导热系数最高,为 0.083 3 W/(m·K),其干密度也处于较高水平,为 298.3 kg/m³。虽然干密度与导热系数没有直接的关系,但干密度的不同会导致测试过程中的热流率不同,而热流率与导热系数有直接关系。由图 5.6 还可知,总体上,掺有硬脂酸锌的 UHBFC 的导热系数要高于其他组的 UHBFC。结合图 5.5 中掺有不同种类憎水剂的 UHBFC 的孔结构可知,掺有硬脂酸锌的 UHBFC 的孔壁明显厚于掺有其他憎水剂的 UHBFC,这使 UHBFC 中的许多孔隙被凝胶所填充,减少了气孔的总体积,从而使导热系数增大。

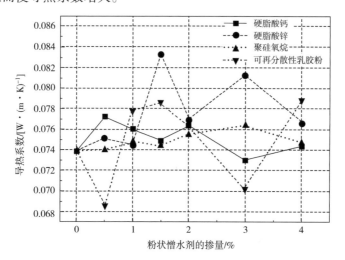

图 5.6　粉状憎水剂对 UHBFC 导热系数的影响

5.3.2 4种粉状憎水剂对超轻泡沫混凝土防水效果的影响

表 5.3 不同粉状憎水剂对 UHBFC 体积吸水率和强度损失系数的影响

组别	体积吸水率/%									强度损失系数/%
	1 h	4 h	8 h	12 h	24 h	36 h	48 h	60 h	72 h	
N_0	34.0	36.8	37.0	38.5	38.7	47.0	47.1	48.0	48.2	0.20
CS_1	18.3	19.8	20.5	20.7	21.0	27.9	27.9	30.0	30.1	0.22
CS_2	13.8	15.6	16.1	17.2	18.3	21.5	23.4	26.9	27.5	0.17
CS_3	8.9	11.1	12.0	12.9	13.2	17.9	18.3	25.9	27.6	0.32
CS_4	8.9	11.0	11.7	12.5	12.7	16.4	17.9	26.2	26.2	0.21
CS_5	8.1	10.9	11.8	12.8	13.1	14.4	15.3	26.7	27.3	0.05
CS_6	2.0	7.3	8.1	8.8	9.5	11.9	12.6	22.8	23.6	0.02
ZS_1	13.2	16.3	16.4	16.7	16.8	17.9	19.7	26.6	26.9	0.19
ZS_2	11.6	13.7	14.2	14.6	14.9	17.5	17.6	27.4	27.7	0.70
ZS_3	9.5	12.7	12.9	13.1	13.6	17.5	18.2	25.6	25.7	0.58
ZS_4	10.2	12.6	13.0	14.6	14.6	18.0	18.3	25.5	26.6	0.56
ZS_5	7.4	10.5	11.4	12.2	13.3	17.0	18.1	28.5	28.5	0.51
ZS_6	4.7	8.2	8.9	9.1	9.6	15.7	15.7	25.9	26.0	0.65
PS_1	22.1	25.3	27.6	28.1	28.5	30.8	31.7	37.4	37.8	0.23
PS_2	20.9	24.9	26.2	27.0	29.1	31.4	32.2	34.0	34.1	0.12
PS_3	21.9	24.1	25.4	26.9	27.9	29.0	29.0	32.2	32.5	0.30
PS_4	18.9	20.5	22.9	24.2	24.3	27.0	27.2	30.9	32.0	0.72
PS_5	14.8	16.3	17.2	18.3	19.4	21.0	21.6	29.8	30.9	0.67
PS_6	13.7	14.9	16.5	16.8	18.1	18.3	19.3	27.6	27.9	0.65
RDL_1	33.9	36.5	38.2	39.6	40.3	44.4	47.1	50.9	52.0	0.60
RDL_2	34.8	39.3	40.5	40.6	40.7	46.4	46.5	47.5	49.9	0.65
RDL_3	31.8	34.9	36.9	38.2	38.2	42.1	48.6	50.6	52.6	0.76
RDL_4	30.4	33.3	35.3	36.0	37.2	43.4	44.8	46.5	47.7	0.62

续表

组别	体积吸水率/%									强度损失系数/%
	1 h	4 h	8 h	12 h	24 h	36 h	48 h	60 h	72 h	
RDL_5	34.2	36.8	37.6	38.0	38.7	46.6	48.3	47.3	50.7	0.67
RDL_6	35.8	40.5	41.0	41.5	41.7	48.3	51.2	52.3	53.6	0.64

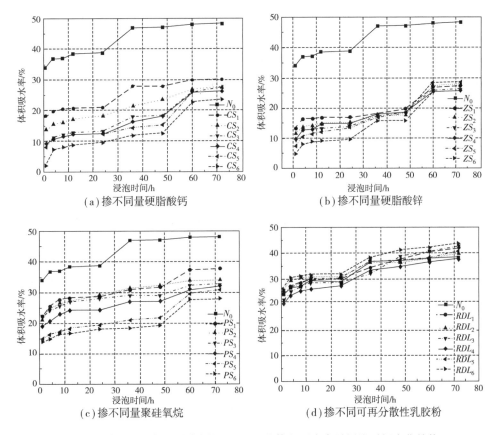

图 5.7　掺有不同粉状憎水剂的 UHBFC 的体积吸水率随浸泡时间变化趋势

如图 5.7 和表 5.3 所示,随着浸泡时间增加,所有组中的 UHBFC 均呈先增加然后趋于平稳的趋势。掺有硬脂酸钙、硬脂酸锌和聚硅氧烷的 UHBFC 的体积吸水率要低于组 N_0 的 UHBFC,且掺量越大,体积吸水率越低。然而,可再分散性乳胶粉降低吸水率的效果却并不明显。这种现象可通过图 5.4 中掺有不同种类粉状憎水剂的 UHBFC 的微观 SEM 图的差异来解释。在组 N_0 的 UHBFC 中存在较多的连通孔,且其孔壁结构很疏松,表面暴露着许多大孔径的毛细孔隙,水不仅会通过许多连通孔进入 UHBFC,还会在毛细管力的作用下,通过大孔径毛细管孔隙迅速扩散到 UHBFC 的各个角落。由图 5.7 中组 N_0 的 UHBFC 随浸泡时间的变化曲线可知,其 1 h 内毛细力最大,1 h 的体积吸水率可达到最终吸水率的 70%。掺有硬脂酸钙、硬脂酸锌和聚硅氧烷的 UHBFC 的连通孔减少,孔壁结构也比较致密,大孔径的毛细孔被堵塞,只有一些小孔径毛细孔露在孔壁表面,这有效降低了毛细力,使得 1 h 内的体积吸水率低于组 N_0 的 UHBFC。虽然掺有可再分散性乳胶粉的 UHBFC 的连通孔有所减少,但其孔壁上仍存在许多空隙,孔壁结构并不密实,导致其体积吸水率仍不能降低。如图 5.8 所示,组 N_0,CS_6,ZS_6,PS_6,RDL_6 的 UHBFC 在试样 1/3 高度的水中浸泡 1 h 后,水沿毛细孔上升的高度存在较大的差异,这也直观地反映出不同种类粉状憎水剂对 UHBFC 体积吸水率影响的不同。掺有硬脂酸钙和硬脂酸锌的 UHBFC 的水分上升高度最低,掺有聚硅氧烷的 UHBFC 的水分上升高度略高。掺有可再分散性乳胶粉的 UHBFC 的水分上升高度与不掺粉状憎水剂的 UHBFC 相比并没有差异,二者在水中浸泡 1 h 后水分都几乎到达试样的顶部。图 5.8 中,水分上升高度所反映出的不同种类粉状憎水剂对 UHBFC 防水效果影响的规律与图 6.7 中曲线所反映的规律相一致。由图 5.7 和图 5.8 也可知,硬脂酸钙和硬脂酸锌的防水效果要优于其他两种憎水剂,其中以硬脂酸钙的防水效果最好。当硬脂酸钙的掺量为 4% 时,UHBFC 的 1 h 和 72 h 体积吸水率分别为 2.0% 和 23.6%。由图 5.7 可知,绝大部分掺有粉状憎水剂的 UHBFC 的体积吸水率都分别在 24 h 和 48 h 这两个点出现上升阶段,而组 N_0 的 UHBFC 却只在 24 h 处出现一个上升段。这是因不掺憎水剂的 UHBFC 的毛细力很强,吸水速度很快,在试样 1/3 高度的水中浸泡 24 h,水分就可上升到试样顶部,且吸水率能达到最终饱和吸水率的 80%,而当加水至试样高度 2/3 位置处,水分可渗透至试样的各个角落,几乎接近饱和吸水状态,之后吸水缓慢,即使加水满过试样,吸水率也不会明显上升。硬脂酸钙的加入可通过改变孔隙结构或在孔隙表面凝结成一层防水层来削弱毛细力,使 UHBFC 的吸水过程较缓慢,在完全浸入水中之前难以达到饱和吸水状态。

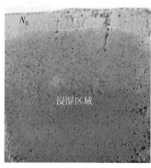

图 5.8 组 N_0, CS_6, ZS_6, PS_6, RDL_6 的 UHBFC 在 1/3 高度的水中浸泡 1 h 后水分上升高度

为了探究掺有不同种类憎水剂的 UHBFC 的吸水后强度损失的差异,在测试完试样 72 h 吸水率之后,立即对试样进行抗压强度测试,并得到不同组的 UHBFC 吸水后强度损失系数。其结果如表 5.3 和图 5.9 所示。由图 5.9 可知,掺有硬脂酸锌、聚硅氧烷和可再分散性乳胶粉的 UHBFC 的强度损失系数随着其掺量的增加与掺有硬脂酸钙的 UHBFC 呈现出不同的规律。综合观察图 5.7 和图 5.9 可知,虽然随着硬脂酸锌和聚硅氧烷掺量增加,UHBFC 的体积吸水率不断降低,但却不利于 UHBFC 吸水后的强度保持。同样,虽然可再分散性乳胶粉在一定的掺量下可提高 UHBFC 的抗压强度,但其防水效果很差,吸水后强度损失较大。然而,硬脂酸钙这种粉状憎水剂不仅可在一定掺量下提高 UHBFC 的抗压强度,而且随着掺量的增加能有效降低 UHBFC 的体积吸水率,当其掺量

为 4% 时,UHBFC 的 72 h 体积吸水率可降至 23.6%。更重要的是,硬脂酸钙与其他 3 种粉状憎水剂相比,降低 UHBFC 吸水后强度损失的效果最好,当其掺量为 4% 时,UHBFC 吸水后强度损失系数可降至 2%。因此,在 4 种粉状憎水剂中,硬脂酸钙最适合通过外掺的方式来对 UHBFC 进行防水处理,其降低吸水率和强度损失的效果最好。

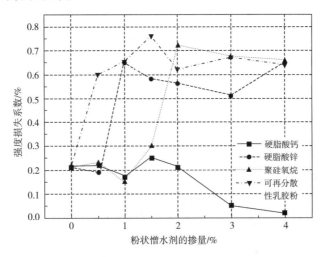

图 5.9　掺有不同种类憎水剂的 UHBFC 在水中浸泡 72 h 后强度损失系数

5.3.3　两种液态憎水剂对超轻泡沫混凝土防水效果的影响

为了进一步降低 UHBFC 的体积吸水率,并探究液态憎水剂单独作用下和液态憎水剂与粉状憎水剂协同作用下对 UHBFC 防水效果的差异,试验用甲基聚硅氧烷树脂和含氢硅油这两种液态憎水剂分别对组 N_0 和 CS_6 的 UHBFC 进行了防水处理。对 UHBFC 处理分为表面涂刷法和浸泡法两种工艺。试验中,选用了一种硅烷偶联剂 KH550,对比在液态憎水剂中加入 KH550 与不加入 KH550 对处理后的 UHBFC 的固化率和防水效果的影响。不同处理方式对 UHBFC 固化率和体积吸水率的影响结果见表 5.4,不同组别的 UHBFC 试样的体积吸水率随着浸泡时间的变化规律如图 5.10 和图 5.11 所示。另外,为了更直观地对比不同组别 UHBFC 防水效果的差异,测试了团聚在试样表面的红墨水滴的憎水角度。其结果如表 5.5 和图 5.12 所示。

表 5.4　不同液态憎水剂和不同处理方式对 UHBFC 体积吸水率和固化率的影响

组别	固化率 /%	体积吸水率/%								
		1 h	4 h	8 h	12 h	24 h	36 h	48 h	60 h	72 h
N_{SM}	22.6	3.7	4.2	4.7	7.2	8.0	9.1	12.6	13.7	17.8
N_{CM}	7.6	2.6	3.1	3.9	4.0	4.3	5.8	6.8	10.0	13.3
CS_{SM}	18.7	2.6	3.3	3.3	3.8	4.6	10.1	10.7	14.2	15.4
CS_{CM}	8.8	2.3	3.1	4.5	5.4	6.0	8.8	10.6	13.7	16.2
N_{SMK}	19.8	2.2	2.7	3.0	3.0	3.2	4.8	5.8	7.0	7.7
N_{CMK}	2.7	2.2	2.7	2.8	4.1	4.1	6.4	6.3	22.0	23.6
CS_{SMK}	14.1	3.8	3.9	3.9	4.7	4.7	6.2	6.8	9.1	10.8
CS_{CMK}	1.7	1.4	2.0	2.5	3.2	3.5	19.3	22.9	26.3	27.4
N_{SH}	27.0	3.5	4.1	4.4	4.8	4.9	7.1	8.0	12.2	13.4
N_{CH}	5.8	24.4	26.2	26.2	27.6	28.3	29.0	29.4	31.8	32.3
CS_{SH}	23.8	2.0	2.5	2.5	4.2	4.7	6.6	7.4	8.3	8.8
CS_{CH}	3.6	23.6	24.4	25.4	25.8	25.9	27.4	27.4	31.0	31.5
N_{SHK}	28.5	1.0	1.0	1.1	1.4	1.7	3.1	3.5	4.2	4.9
N_{CHK}	8.2	1.3	2.0	2.2	2.3	2.4	4.2	4.9	5.3	5.8
CS_{SHK}	30.1	0.8	1.2	1.2	1.4	1.6	2.5	2.8	3.6	4.4
CS_{CHK}	8.4	0.9	1.4	1.7	1.7	1.8	3.4	4.2	5.9	7.3

注:N_{SM}—用甲基聚硅氧烷树脂对组 N_0 的试样进行浸泡处理;CS_{CH}—用含氢硅油对组 CS_6 的试样进行表面涂刷处理;CS_{SMK}—用掺入 KH550 的甲基聚硅氧烷树脂对组 CS_6 的试样进行浸泡处理,其他组以此类推。

表 5.5　团聚在不同组 UHBFC 表面的红墨水滴的憎水角度

组别	憎水角度/(°)
Con	2.35
Con_{CM}/ Con_{CMK}	109.35 / 96.34
Con_{SM} / Con_{SMK}	110.44 / 120.10
Con_{CH}/ Con_{CHK}	90.51 / 119.28
Con_{SH}/ Con_{SHK}	109.73 / 125.22
CS_6	65.41
CS_{CM}/ CS_{CMK}	109.55 / 99.11
CS_{SM}/ CS_{SMK}	112.05 / 117.39
CS_{CH}/ CS_{CHK}	90.88 / 120.02
CS_{SH}/ CS_{SHK}	116.22 / 125.87

如图 5.10 和表 5.4 所示,用甲基聚硅氧烷树脂处理后的 UHBFC 的 1 h 体积吸水率都低于 5% ,且在 24 h 内 UHBFC 的吸水率也增长缓慢。由图 5.11 可知,除两组试样的体积吸水率较高,其余组中的 UHBFC 的 1 h 体积吸水率也都低于 5% 。这都表明,用液态憎水剂处理后的 UHBFC 的憎水性要优于单独掺入粉状憎水剂的 UHBFC。实际上,毛细吸水是一种通过毛细力进行的不饱和输送过程,甲基聚硅氧烷树脂和含氢硅油是两种有机硅类憎水剂,它们可在 UHBFC 表面形成防水衬里,达到与"荷花效应"类似的防水效果。它们通过改变水与试样表面的引力来增加憎水角度,导致压力差逆转,需要额外的力才能使水渗入 UHBFC 的孔隙中。由表 5.4 可知,用液态憎水剂对 UHBFC 处理后,其表面憎水角大于 90°,这表明两种液态憎水剂可通过增加水与表面的憎水角来形成疏水屏障,从而有效降低 UHBFC 的吸水率。没有用液态憎水剂处理的组 N_0 和 CS_6 的 UHBFC 试样的憎水角分别为 2.35° 和 65.41°,都远小于 90°,这是因为用两种液态憎水剂处理后,水与试样表面具有较大的分子引力,毛细水上升形成一个凹半月板,水会自发地进入 UHBFC 的内部。

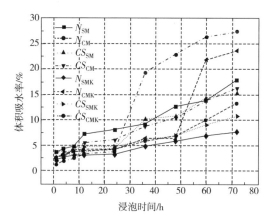

图 5.10　甲基聚硅氧烷树脂处理后的 UHBFC
试样随着在水中浸泡时间的变化趋势

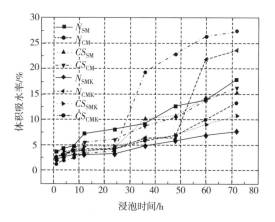

图 5.11　含氢硅油处理后的 UHBFC 试样随
着在水中浸泡时间的变化趋势

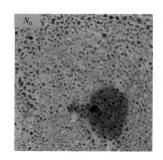
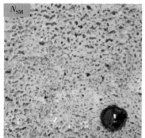
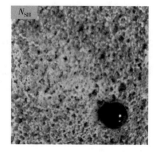

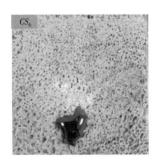
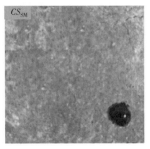
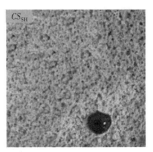

图 5.12 用液态憎水剂处理后组 N_0, N_{SM}, N_{SH}, CS_6,
CS_{SM}, CS_{SH} 的 UHBFC 表面水滴状态

为了更好地观察用甲基聚硅氧烷树脂和含氢硅油处理后的 UHBFC 表面疏水效果,分别在组 N_0, N_{SM}, N_{SH}, CS_6, CS_{SM}, CS_{SH} 的 UHBFC 试样块表面分别滴了 3 滴红墨水。红墨水滴在试样表面的状态如图 5.12 所示。滴在组 N_0 试样的红墨水会立即在表面扩散进入试样内部,滴在组 CS_6 试样表面的红墨水有扩散的趋势,但并没有很快都渗入 UHBFC 内部,而滴在用甲基聚硅氧烷树脂和含氢硅油处理后的 UHBFC 表面的红墨水滴在表面聚成一个近似于球状的水珠,其憎水角度大于 90°。这是因表面经液态憎水剂处理并固化后,UHBFC 的一些连通孔被堵塞,孔壁表面变得光滑,就像在表面附着了一层膜一样,相应的孔结构和孔壁形貌如图 5.13 所示。

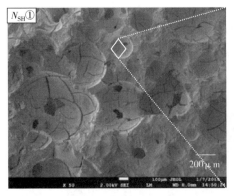

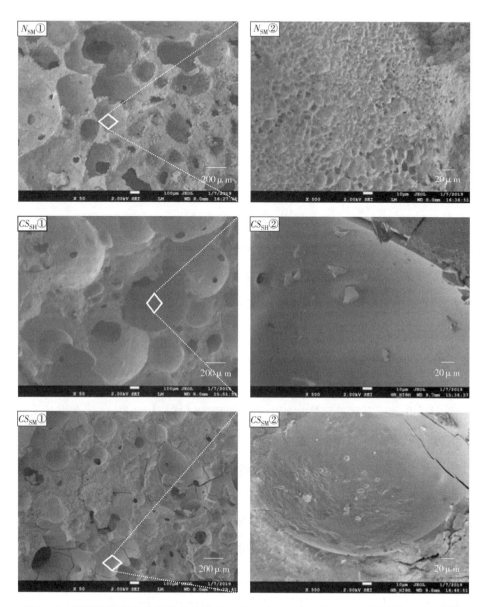

图 5.13　用两种液态憎水剂处理后组 N_{SH}, N_{SM}, CS_{SH}, CS_{SM} 的 UHBFC 孔结构和孔壁形貌

如图 5.10 和图 5.11 所示,不同组别的 UHBFC 的体积吸水率在 24 h 以后开始表现出较大的差异,代表组 N_{CMK} 和 CS_{CMK} 的曲线在 24 h 和 48 h 后都出现了较明显的上升阶段,而代表其他组的曲线增长较缓慢。这表明,在甲基聚硅

氧烷树脂中加入 KH550 后,可加速其挥发速度,使固化率降低,导致在 UHBFC 表面形成的防水膜较薄,试样在水中浸泡后表面张力迅速下降。在短时间内,水会突破防线大量进入 UHBFC 内部,组 N_{CMK} 和组 CS_{CMK} 的憎水角分别为 96.34° 和 99.11°,这要比组 N_{CM} 和组 CS_{CM} 的憎水角分别小 13° 和 10°,这也能较好地证明表面涂有掺加了 KH550 的甲基聚硅氧烷树脂的 UHBFC 表面张力有所降低。由图 5.10 可知,组 CS_{CMK} 中试样的体积吸水率高于组 N_{CMK} 中的试样,并且组 CS_{CMK} 中试样的体积吸水率在 24 h 后就出现了一个快速上升的阶段。同样,组 CS_{CM} 中试样的体积吸水率高于组 N_{CM} 中的试样。这是因为组 CS_{CMK} 和组 CS_{CM} 的试样中掺入了硬脂酸钙,大部分硬脂酸钙不会参与水化反应,而是附着在孔壁表面或者堵塞一部分微观孔,这虽然有效改善了孔结构且在孔壁形成了小范围的疏水层,但这也会削弱甲基聚硅氧烷树脂的渗透效果,使最终在试样表面形成的防水层较薄。总体来看,用甲基聚硅氧烷树脂通过浸泡法处理的 UHBFC 试样的体积吸水率要低于通过表面涂刷法处理的试样,在掺有 KH550 的甲基聚硅氧烷树脂中浸泡处理的 UHBFC 的防水效果要优于在不掺 KH550 的甲基聚硅氧烷树脂中浸泡处理的试样。UHBFC 试样在甲基聚硅氧烷树脂中浸泡 1 h 后基本会渗入试样内部大部分区域,虽在固化过程中会有许多甲基聚硅氧烷树脂挥发,但决定最终防水效果的并不是憎水剂的渗透深度或防水膜的数量,而是形成的防水膜的厚度及其致密程度。形成的防水膜越厚越致密,表面张力就越大。由表 5.4 可知,组 N_{SMK} 和组 CS_{SMK} 试样的憎水角分别为 120.10° 和 117.39°,这比组 N_{SM} 和组 CS_{SM} 试样的憎水角分别小 10° 和 5°。

如图 5.12 所示,用含氢硅油处理的试样中除组 N_{CH} 和组 CS_{CH} 的试样外,体积吸水率都较低。由于含氢硅油在不掺加 KH550 的条件下很难固化,且采用表面涂刷的方法,液态憎水剂浸渍深度较小,形成的防水膜较薄。因此,组 N_{CH} 和组 CS_{CH} 的试样的体积吸水率较高。在含氢硅油中掺加了 KH550 后,加速了含氢硅油的固化,促进了防水膜的形成,提高了表面张力。由表 5.4 也可知,组 N_{CHK} 和 CS_{CHK} 中试样的憎水角要比组 N_{CH} 和 CS_{CH} 的憎水角分别大 28° 和 30°,

这表明掺加了 KH550 的含氢硅油形成的防水膜的表面张力更大,导致组 N_{CHK} 和 CS_{CHK} 中试样的体积吸水率低于组 N_{CH} 和 CS_{CH} 中试样。对比图 5.11 和图 5.12 可知,总体上除组 N_{CH} 和 CS_{CH} 中试样,用含氢硅油处理的试样的防水效果要优于用甲基聚硅氧烷树脂处理的试样。这可能是含氢硅油在固化过程中蒸发较困难,使含氢硅油的固化率增加,导致含氢硅油固化后在试样中占据的体积较大,降低了可供水分进入的有效空间,而且从图 5.13 可发现,组 N_{SH} 和组 CS_{SH} 的试样表面形成的防水膜非常光滑,可覆盖大部分的毛细孔。含氢硅油的防水机理如图 5.14(a)所示。然而,甲基聚硅氧烷树脂却不会完全堵塞毛细孔,甲基聚硅氧烷树脂中的活性基团相互作用形成树枝状、链状或网状分子,最终形成网状的防水硅氧烷薄膜。从图 5.13 也可知,组 N_{SM} 和 CS_{SM} 防水膜的光滑程度不及组 N_{SH} 和组 CS_{SH} 试样表面的防水膜。尽管甲基聚硅氧烷树脂形成的防水膜可阻止大部分液态水的进入,但气态水却很容易进入 UHBFC 内部。其防水机理如图 5.14(b)所示。同样,渗入 UHBFC 内部未固化的甲基聚硅氧烷树脂也比较容易穿过网状防水膜挥发出来,其固化率较低,且固化后在 UHBFC 中占据的体积较小,可供水分进入的空间较大。因此,综合来看,含氢硅油的防水效果要比甲基聚硅氧烷树脂防水效果好。

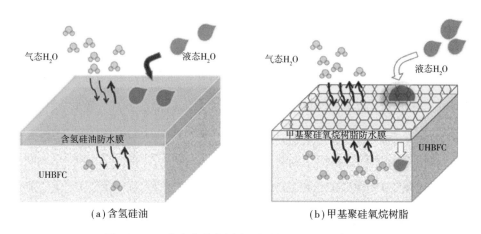

图 5.14　两种液态憎水剂处理后的 UHBFC 防水机理

综合来看,含氢硅油的防水效果要优于甲基聚硅氧烷树脂,浸泡法处理的

UHBFC 试样的防水效果优于表面涂刷法。在所有用液态憎水剂处理的 UHBFC 试样中,组 N_{CH} 的试样的防水效果最差,其 72 h 体积吸水率为 32.3%,组 CS_{SHK} 的试样的防水效果最好,其 72 h 体积吸水率可降至 4.4%。但是,考虑组 CS_{SHK} 的试样固化率较高,可能会导致干密度和导热系数增大,而组 N_{CHK} 的试样不但 72 h 体积吸水率较低为 5.8%,且固化率也较低为 8.2%。因此,可选择该组方案,即用掺加 KH550 的含氢硅油来对不掺加粉状憎水剂的 UHBFC 试样进行表面涂刷处理。

5.4　结　论

①与掺加其他 3 种粉状憎水剂的 UHBFC 相比,掺加硬脂酸钙的 UHBFC 的干密度最低。随着 4 种粉状憎水剂掺量的增加,UHBFC 的抗压强度呈先增加后降低的趋势。其中,当硬脂酸锌的掺量为 1.5% 时,UHBFC 抗压强度最高为 0.54 MPa。硬脂酸钙和聚硅氧烷对 UHBFC 的导热系数影响较小,UHBFC 的导热系数随硬脂酸锌和可再分散性乳胶粉掺量增减变动幅度较大。其中,掺有可再分散性乳胶粉的 UHBFC 导热系数较低,最低为 0.068 6 W/(m·K)。

②当硬脂酸钙、硬脂酸锌、聚硅氧烷及可再分散性乳胶粉的掺量分别为 2.0%,1.5%,1.5%,1.5% 时,UHBFC 水化产物中的钙矾石含量会有所增加。而当这 4 种憎水剂掺量增加为 4% 时,钙矾石含量都有所降低,这能较好地验证 UHBFC 抗压强度随着 4 种粉状憎水剂掺量的变化趋势。掺加了硬脂酸钙、硬脂酸锌和聚硅氧烷的 UHBFC 的孔结构得到了改善,并且孔壁结构较为致密。

③UHBFC 的体积吸水率在 1 h 内增长较快,硬脂酸钙、硬脂酸锌和聚硅氧烷可通过减少 UHBFC 的连通孔或部分聚集在孔壁表面来降低 UHBFC 的体积吸水率,而且掺量越多,UHBFC 的体积吸水率越低。其中,硬脂酸钙的憎水效果最好,当其掺量为 4% 时,UHBFC 的 72 h 体积吸水率可降至 23.6%。随着硬脂酸锌、聚硅氧烷和可再分散性乳胶粉掺量的增加会使 UHBFC 吸水后强度损

失增加,而随着硬脂酸钙掺量的增加却会降低 UHBFC 吸水后强度损失,当其掺量为 4% 时,UHBFC 的吸水后强度损失为 2% 。

④用甲基聚硅氧烷树脂和含氢硅油处理的 UHBFC 其 1 h 体积吸水率可降低至 5% 以内,而且处理后的试样表面憎水角在 90° 以上。用浸泡法处理的 UHBFC 其体积吸水率要低于用表面涂刷法处理的 UHBFC 试样,但浸泡法处理会使 UHBFC 的固化率增加。掺有硬脂酸钙后不利于甲基聚硅氧烷树脂渗入试样形成防水膜,会削弱甲基聚硅氧烷树脂的憎水效果。

⑤用掺有 KH550 的含氢硅油处理后的 UHBFC 试样其 72 h 体积吸水率最低,可降至 4.4% ,其憎水角可增加至 125.87°,但固化率过高。而组 N_{CHK} 的试样不但 72 h 体积吸水率较低为 5.8% ,而且固化率也较低为 8.2% 。因此,可选择该组方案,即用掺加 KH550 的含氢硅油来对不掺加粉状憎水剂的 UHBFC 试样进行表面涂刷处理。

第6章 纳米泡沫混凝土制备及综合性能研究

6.1 引　言

　　相对传统的造核剂,纳米材料在控制泡沫结构和力学性能方面有着独特的优势。其颗粒尺寸小,低填充量便能形成大量成泡核心,同时其纳米尺度、高长细比、比表面积大都使其在改善泡沫混凝土各项性能方面具有良好效果。对于复合材料来讲,第二相在基体中的分散均匀性决定复合材料性能,分散越均匀,其作为添加相的作用可能相对越明显,材料的整体性能就会越好。

　　因此,首先采用机械搅拌分散、超声波分散、电场作用分散、共价化学修饰或与表面活性剂非共价修饰等分散工艺,将纳米材料均匀分散于水性体系,然后结合化学发泡工艺,静停发泡成型多壁碳纳米管(MCNT)增强泡沫混凝土,切割养护而成纳米泡沫混凝土(NFC),并系统研究 NFC 的物理性能、阻尼减振、电磁波屏蔽与吸波及阻抗防腐等综合性能。

6.2 碳纳米管水性分散液制备

6.2.1 实验原料与实验仪器

　　MCNT,购自中国科学院成都有机化学有限公司,相应的主要性能指标见表

6.1。羧甲基纤维素钠(CMC),购自国药集团化学试剂有限公司,CMC 具有优良的水溶性、黏胶性、乳合性、扩散性、抗酶性及稳定性。选用它作为泡沫稳定剂和增稠剂,并在 MCNT 的分散中起到分散作用且解决分散后的 MCNT 长期放置不聚集沉降的问题。聚羧酸减水剂(PCE),购自国药集团化学试剂有限公司,PCE 与水泥的相容性好,减水率高,既可有效地降低水灰比又可保证混凝土的强度;同时,其本身就具有分散作用,使 MCNT 的表面水膜增厚,润滑能力提高,从而使 MCNT 分散均匀。

表 6.1　MCNT 的主要物理性能指标

直径 D /nm	长度 L /μm	纯度 /wt%	灰分 /wt%	比表面积 /(m^2 · g^{-1})	电导率 /(s · cm^{-1})
20 ~ 40	10 ~ 30	>85	<8	>100	>10^2

主要实验仪器包括:KQ2200DB 型,槽式超声处理清洗器,江苏昆山超声仪器有限公司生产;FA1004B 型,电子天平,上海精密科学仪器有限公司生产。

6.2.2　MCNT 分散实验方案

首先用天平秤量取蒸馏水 200 g 放入 400 ML 烧杯中,量取 1.2 g CMC 加入烧杯中,用玻璃棒搅拌后,CMC 呈大团块状分散在水中,将烧杯放入超声清洗器中,分散直到 CMC 完全溶解在水中且溶液呈透明黏稠状,控制分散温度在 60 ℃左右(为防止水分蒸发导致试验数据不精确,用保鲜膜密封烧杯)。这时,CMC 完全分散在水中,然后用天平量取 2.4 g 曲拉通(Tx-100)加入分散液中,超声分散30 min 后,一边超声一边加入 1.2 g MCNT,在 15 min 内加完。最后在 100 W 的超声功率下分散 3 h,形成浓度为 0.6 wt% 的 MCNT 分散液。MCNT 分散实验方案及实验结果如图 6.1 所示。

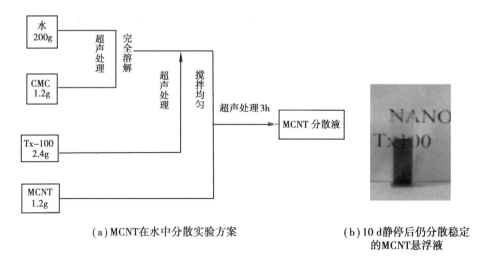

(a) MCNT在水中分散实验方案

(b) 10 d静停后仍分散稳定
的MCNT悬浮液

图 6.1　MCNT 分散实验方案及 10 d 后分散稳定状况

6.3　化学发泡法制备碳纳米管增强纳米泡沫混凝土

6.3.1　实验原材料与实验仪器

P·O42.5R 硅酸盐水泥,山东山水水泥集团有限公司生产。水泥的主要物理、化学组成性能指标见表6.2。普通硅酸盐水泥凝结时间较长,其凝结硬化时间与泡沫的稳定时间不匹配,导致发泡后的浆体塌陷。为解决此问题,本书拟采用在普通硅酸盐水泥中掺入铝酸钠作为促凝剂来调整水泥浆的凝结时间,使水泥浆体硬化时间与泡沫的稳定时间相一致。

生石灰(CaO),市售。生石灰为 MCNT 增强泡沫混凝土的钙质材料。其主要作用是:

①为 MCNT 发泡水泥基材料提供有效 CaO,使之在水热条件下与水泥中的氧化铝发生作用,生成水化硅酸钙和水化铝酸钙,从而使早期强度更高。

②生石灰促使双氧水发气,石灰提高了 MCNT 发泡水泥基材料浆体的碱

度,提供了双氧水发气条件。

③生石灰提供了有效热量。双氧水的在水泥中的分解对温度很敏感。生石灰水化大量迅速放热的能力,不仅为 MCNT 增强泡沫混凝土浆体温度提供了有效的热源,而且可进一步促进 MCNT 增强泡沫混凝土的凝结硬化。

表 6.2　P.O.42.5R 水泥物理力学性能指标与化学组分

水泥品种	凝结时间/min		抗压强度/MPa		抗折强度/MPa		安定性 (煮沸法)
	初凝	终凝	3 d	28 d	3 d	28 d	
P·O42.5R	55	145	17.0	44.5	2.6	6.8	合格
CaO/wt%	SiO$_2$/wt%		Al$_2$O$_3$/wt%		Fe$_2$O$_3$/wt%		SO$_3$/wt%
61.7	20.1		5.09		2.93		1.99

双氧水,分子式为 H$_2$O$_2$,纯度大于 30%,购自天津市广成化学试剂有限公司。发泡剂双氧水的分解方程为

$$2H_2O_2 \xlongequal{\quad\quad} 2H_2O + O_2 \uparrow \tag{6.1}$$

CMC:作为稳泡剂,购自国药集团化学试剂有限公司。双氧水所产生气泡的稳定性主要取决于氧气析出的快慢和气泡液膜的强度。因此,可选择加入适当的稳泡剂来改善液膜的表面黏度。CMC 能使液体具有适当的黏度,从而提高气泡的稳定性。

铝酸钠:NaAlO$_2$,促凝剂,购自国药集团化学试剂有限公司。加入适量的促凝剂可使水泥凝结时间和发泡剂产生的气泡的稳定时间相一致,大幅提高纳米泡沫混凝土的质量。

相应的主要实验设备见表 6.3。

表6.3 纳米泡沫混凝土制备主要实验设备

仪器设备名称	设备型号	生产厂家	主要用途
水泥砂浆搅拌机	JJ-5型	无锡市建筑材料仪器机械厂	试样混合搅拌
电热恒温鼓风干燥箱	DZ-6型	上海东星仪建材实验设备有限公司	试件干燥
电子万能试验机	DYD-10型	无锡东仪制造科技有限公司	强度测试
空气压缩机	OTS-1600-30L型	台州市奥突斯工贸有限公司	试件脱模
导热系数测试仪	DRPL-I型	湘潭市仪器仪表有限公司	导热系数测试

6.3.2 纳米泡沫混凝土正交配合比设计

采用正交试验方法研究 W/C、发泡剂、MCNT 对纳米泡沫混凝土各种性能的影响。选择 3 种不同水灰比为 W_1,W_2,W_3，再往里面分别加入发泡剂的量为 P_1,P_2,P_3，再加 MCNT 分散液掺量分别为 C_1,C_2,C_3，通过 3 因素 3 水平的正交试验方法得到 9 组，见表6.4。

表6.4 正交试验因素与水平方案

试验编号	W/C 水灰比	双氧水掺量	MCNT 掺量
T_1	$W_1(0.7)$	$P_1(3\%)$	$C_1(0\%)$
T_2	$W_1(0.7)$	$P_2(4\%)$	$C_2(0.05\%)$
T_3	$W_1(0.7)$	$P_3(5\%)$	$C_3(0.1\%)$
T_4	$W_2(0.8)$	$P_1(3\%)$	$C_3(0.1\%)$
T_5	$W_2(0.8)$	$P_2(4\%)$	$C_1(0\%)$
T_6	$W_2(0.8)$	$P_3(5\%)$	$C_2(0.05\%)$
T_7	$W_3(0.9)$	$P_1(3\%)$	$C_2(0.05\%)$
T_8	$W_3(0.9)$	$P_2(4\%)$	$C_3(0.1\%)$
T_9	$W_3(0.9)$	$P_3(5\%)$	$C_1(0\%)$

考虑发泡混凝土的性质和 MCNT 的加入对泡沫混凝土的影响，拟订水灰比

为 0.7,0.8,0.9,MCNT 掺量为 0%,0.05%,0.1%,双氧水掺量为 3%,4%,5%。
铝酸钠掺量为水泥质量的 1.5%。由前期探索试验可知,当成稳泡剂的 CMC 加
入量过少时,发泡混凝土容易出现塌模现象;而过多,则会造成混凝土黏度过
大,使发泡效果不理想。考虑实验使用的是 MCNT 水性分散液,所有配合比中
的用水量均包含分散液中的含水量。充分考虑上述因素和 MCNT 的经济效益
后最终确定了水灰比为 0.7,0.8,0.9,双氧水掺入量为 3%,4%,5%,MCNT 加
入量为 0.0%,0.05%,0.1%。为提高发泡混凝土浆料的黏度,增加硬化体早期
强度,因此在其中加入掺量为 2% 的生石灰。其具体配合比见表 6.5。

表 6.5　纳米泡沫混凝土试验配合比

编号	W/C	水泥/g	石灰/g	水/g	铝酸钠/g	CMC/g	双氧水/g	MCNT/g
T_1	0.7			420			18	0
T_2	0.7			420			24	0.6
T_3	0.7			420			30	1.2
T_4	0.8			480			18	1.2
T_5	0.8	588	12	480	9	0.6	24	0
T_6	0.8			480			30	0.6
T_7	0.9			540			18	0.6
T_8	0.9			540			24	1.2
T_9	0.9			540			30	0

6.3.3　MCNT 增强纳米泡沫混凝土制备

将称量好的水泥、石灰、铝酸钠混合后,低速搅拌 3 min 左右直到完全均匀,
再加入水温为 30~40 ℃ 的水先低速搅拌,接着加入 MCNT 分散液,高速搅拌并
成均匀稳定的料浆后,最后加入发泡剂。低速搅拌 1 min 左右完全均匀后,再注
入试模,静停发泡。其基本工艺流程及实物图如图 6.2 所示。经养护后按第 3

章干密度、含水率、吸水率、抗压强度及导热系数的测试方法,对 MCNT 增强纳米泡沫混凝土试件进行相应物理性能表征。

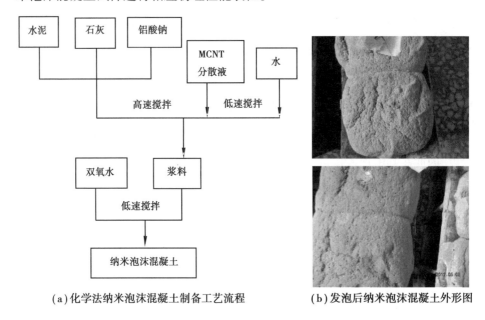

(a)化学法纳米泡沫混凝土制备工艺流程 　　　　　(b)发泡后纳米泡沫混凝土外形图

图 6.2　化学纳米泡沫混凝土制备的基本工艺流程及实物图

6.4　化学法制备碳纳米管增强纳米泡沫混凝土的物理性能

6.4.1　多指标正交试验综合分析

9 组纳米泡沫混凝土 5 种物理性能见表 6.6。采用多指标正交试验综合分析相应结果,具体分为以下 3 步:

①将各个指标实验结果填入表内。将多个指标拆开,按各个单指标试验分别计算各因素不同水平的效应值和极差 R。

②分指标按极差大小列出因素的主次顺序,经综合分析后确定因素主次。

表中的 K_m = 某因素的 m 水平相对应的指标值之和，K_m 为某因素的 m 水平相对应的指标值之和除以水平数。

③极差值 R = 某因素的 K_1, K_2, K_3, …最大值减去最小值之差。

表 6.6　9 组纳米泡沫混凝土的密度、含水率、吸水率、抗压强度与导热系数值

编号	干密度/(kg·m⁻³)	吸水率/%	含水率/%	抗压强度/MPa	导热系数/[W·(m·K)⁻¹]
T_1	554	62.5	19.2	0.52	0.093 2
T_2	406	95.6	24.3	0.61	0.083 7
T_3	334	107.8	28.7	0.35	0.080 0
T_4	444	74,.3	21.0	0.53	0.073 9
T_5	359	89.6	24.7	0.37	0.071 3
T_6	324	109.2	31.2	0.45	0.063 8
T_7	396	78.6	20.6	0.57	0.081 3
T_8	357	94.2	23.8	0.34	0.079 9
T_9	326	101.5	32.4	0.30	0.074 5

6.4.2　干密度结果分析

对干密度正交分析结果见表 6.7。由表 6.7 中各因素的极差大小可知，对 NFC 干密度影响的大小顺序是 $w_{H_2O_2} > W/C > w_{CNT}$。因此，$w_{H_2O_2}$ 是干密度的主要影响因素，其次为 W/C，最后为 w_{CNT}。

表 6.7　NFC 的干密度正交试验结果与极差分析

试验号	$W/C(A)$	$w_{H_2O_2}(B)$	$w_{CNT}(C)$	干密度/(kg·m⁻³)
T_1	1	1	1	554
T_2	1	2	2	406
T_3	1	3	3	334

续表

试验号	$W/C(A)$	$w_{\text{H}_2\text{O}_2}(B)$	$w_{\text{CNT}}(C)$	干密度/$(\text{kg} \cdot \text{m}^{-3})$
T_4	2	1	3	444
T_5	2	2	1	359
T_6	2	3	2	324
T_7	3	1	2	396
T_8	3	2	3	357
T_9	3	3	1	316
K_1	1 294	1 394	1 229	
K_2	1 127	1 122	1 126	
K_3	1 069	974	1 135	
K_1	431	465	410	
K_2	376	374	375	
K_3	356	325	378	
R	75	140	35	

表 6.7 中的干密度随 W/C, $w_{\text{H}_2\text{O}_2}$, w_{CNT} 变化曲线如图 6.3(a)、(b)、(c)所示。由图 6.3(a)可知,随着 W/C 的增大,NFC 的干密度降低,二者几乎呈线性关系。W/C 从 0.7 增大到 0.90,干密度则从 431 kg/m³ 降低到 356 kg/m³。由此可知,W/C 对 NFC 干密度影响非常显著。当 W/C 超过 0.8 时,随着 W/C 的增大,NFC 干密度降低的趋势有所减小,这可能是 W/C 过大造成料浆稠度减小,延缓水泥浆凝结时间,早期强度不高,致使部分气泡破裂,导致 NFC 干密度有所增大。由图 6.3(b)可知,NFC 的干密度随着 $w_{\text{H}_2\text{O}_2}$ 的增加呈线性减小的趋势,主要原因是随着双氧水的加入,双氧水产生的气泡增加,试块的孔隙率增大,干密度减少。由图 6.3(c)可知,w_{CNT} 对发泡混凝土的干密度影响很小,在加入少量的 MCNT 时,由于 MCNT 的成核作用,增加微孔的数量导致密度有所减小。而随着 w_{CNT} 增大,MCNT 对 NFC 干密度的影响越来越小,甚至会导致密

度增大,这可能是 w_{CNT} 增大导致其在 NFC 中的分散越困难,其团聚现象影响了其成核效率。

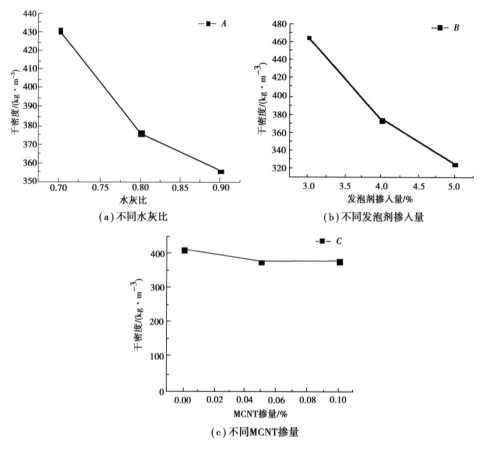

（a）不同水灰比　　　　　　　（b）不同发泡剂掺入量

（c）不同MCNT掺量

图 6.3　干密度正交试验结果分析图

6.4.3　吸水率结果分析

对吸水率正交分析结果见表 6.8。由表 6.8 各因素的极差大小可知,对 NFC 吸水率影响的大小顺序是 $w_{H_2O_2} > W/C > w_{CNT}$。因此,$w_{H_2O_2}$ 是吸水率的主要影响因素,其次为 W/C,最后为 w_{CNT}。

表 6.8　NFC 的吸水率正交试验结果与极差分析

试验号	$W/C(A)$	$w_{H_2O_2}(B)$	$w_{CNT}(C)$	吸水率/%
T_1	1	1	1	50.2
T_2	1	2	2	87.8
T_3	1	3	3	109
T_4	2	1	3	58.6
T_5	2	2	1	89.6
T_6	2	3	2	109.2
T_7	3	1	2	74.3
T_8	3	2	3	94.2
T_9	3	3	1	107.5
K_1	247.0	183.1	247.3	
K_2	257.4	271.6	271.3	
K_3	276.0	325.7	261.8	
K_1	82	61	82	
K_2	89	91	90	
K_3	92	109	87	
R	10	48	8	

表 7.8 中的吸水率随 $W/C,w_{H_2O_2},w_{CNT}$ 变化曲线如图 7.4(a)、(b)、(c)所示。由图 7.4(a)的数据可知,NFC 吸水率随着 W/C 的增大而呈增大的趋势。对不同 W/C,当采用质量吸水率时,泡沫混凝土的吸水率随 W/C 增大而增大,W/C 为 0.7 的吸水率是 82%,W/C 为 0.9 的则增大到 92%,增大 12.2%。这主要是因当 W/C 增大后,虽然 NFC 密度降低,浆体体积减小,但 NFC 中的毛细孔体积增加很多,从而导致吸水率增大。W/C 过大时,会造成连通孔的增加,也导致吸水率的增加。

图 6.4(b)中,NFC 的吸水率随着发泡剂的掺入量的增加而增大。其主要原因是随着发泡剂的量的增加,试块中气孔含量增大,体积密度减小,吸水率

增大。

图 6.4(c)中,NFC 随着 MCNT 掺入量的增加,吸水率逐渐减小,而后有所增加,但因在试验过程中存在一定的仪器及操作上的误差使其吸水率减小。这主要是加入了 MCNT 后,MCNT 独特的纳米作用以及其在水泥浆里的作用,使 NFC 中气孔的大小减小,增加了封闭的微细孔的数量,使 NFC 连通孔减少,封闭孔增多故其吸水率会减小,但随着 MCNT 量的增多,MCNT 难以在水泥基中分散开来,导致更恶化的成核效果,使其孔壁结构遭到破坏,吸水率有所升高。

采用作为稳泡剂的 CMC 或作为分散剂的曲拉通本身的憎水效果不好,或与水泥基反应的作用造成本实验中的吸水率过大,限制了 NFC 作为保温隔热材料的应用。由时间的关系,对过大的吸水率没有在材料上进行改进,后期用硬脂酸钙作为稳泡剂可看出其吸水率大大减小。改进的试验方法包括添加减水剂来降低水灰比,以及采用憎水性更强的硬脂酸钙类稳泡剂。

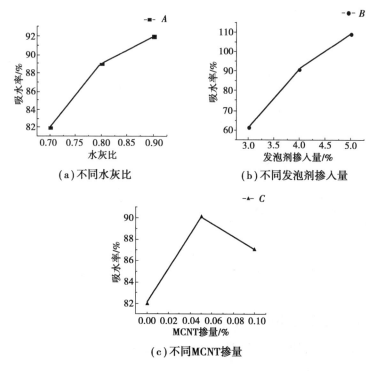

(a)不同水灰比　　　(b)不同发泡剂掺入量

(c)不同MCNT掺量

图 6.4　NFC 吸水率正交试验结果分析图

6.4.4　NFC 含水率结果分析

对含水率正交分析结果见表 6.9。由表 6.9 各因素的极差大小可知,对
NFC 含水率影响的大小顺序是 $w_{H2O2} > W/C > w_{CNT}$。因此,$w_{H_2O_2}$ 是含水率的主要
影响因素,其次为 W/C,最后为 w_{CNT}。

表 6.9　NFC 的含水率正交试验结果与极差分析

试验号	$W/C(A)$	$w_{H_2O_2}(B)$	$w_{CNT}(C)$	含水率/%
T_1	1	1	1	19.2
T_2	1	2	2	24.3
T_3	1	3	3	28.7
T_4	2	1	3	21.0
T_5	2	2	1	24.7
T_6	2	3	2	31.2
T_7	3	1	2	20.6
T_8	3	2	3	23.8
T_9	3	3	1	32.4
K_1	72.2	60.8	76.3	
K_2	76.9	72.8	76.1	
K_3	76.8	92.3	73.5	
K_1	24	20	25	
K_2	26	24	26	
K_3	26	32	25	
R	2	12	1	

表 6.9 中的吸水率随 $W/C, w_{H_2O_2}, w_{CNT}$ 变化曲线如图 6.5（a）、(b)、(c)所
示。由图 6.5(a)可知,NFC 随着 W/C 的增大,含水率逐渐增大。而随着 W/C
的逐渐增大,对含水率的影响越来越小,可能是 W/C 到一定程度后,NFC 中的

含水量达到了饱和。含水量随发泡剂的加入量的增加而增加。MCNT 的加入对含水率几乎没有影响。

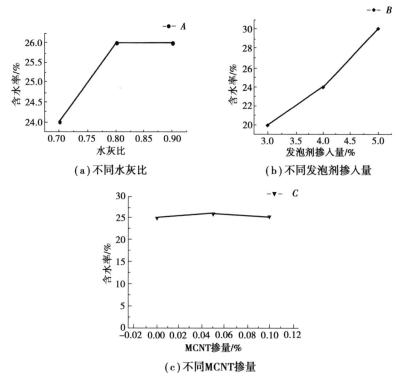

（a）不同水灰比　　（b）不同发泡剂掺入量

（c）不同MCNT掺量

图 6.5　NFC 含水率正交试验结果分析图

6.4.5　NFC 抗压强度结果分析

对吸水率正交分析结果见表 6.10。由表 6.10 各因素的极差大小可知,对 NFC 抗压强度影响的大小顺序是 $w_{H_2O_2}>w_{CNT}>W/C$。因此,$w_{H_2O_2}$ 是抗压强度的主要影响因素,其次为 w_{CNT},最后为 W/C。

抗压强度随 W/C,$w_{H_2O_2}$,w_{CNT} 变化曲线如图 6.6 (a)、(b)、(c)所示。由图 6.6(a)可知,随着 W/C 的增大,NFC 的抗压强度降低。当 W/C 为 0.7 时,抗压强度是 0.49 MPa;W/C 增大到 0.9 时,抗压强度是 0.43 MPa,降低了 12.3% ,影响明显。但是,这与 W/C 影响普通混凝土强度的原因并不完全相同,普通混

凝土 W/C 提高后,多余的水分在混凝土中留下很多毛细孔,从而使混凝土的强度降低。而 FC 的 W/C 增大,使发泡剂产生的气泡在搅拌的过程中破裂较少,使 FC 中引入的气孔增多。与此同时,孔壁结构中毛细孔增多,孔壁强度降低。W/C 增大后,FC 中大孔大幅增多,平均孔径增大。因此,在这 3 方面因素的共同作用之下,NFC 的抗压强度降低。

表6.10　NFC 的抗压强度正交试验结果与极差分析

试验号	$W/C(A)$	$w_{H_2O_2}(B)$	$w_{CNT}(C)$	抗压强度/MPa
T_1	1	1	1	0.52
T_2	1	2	2	0.61
T_3	1	3	3	0.35
T_4	2	1	3	0.53
T_5	2	2	1	0.37
T_6	2	3	2	0.45
T_7	3	1	2	0.57
T_8	3	2	3	0.34
T_9	3	3	1	0.30
K_1	1.48	1.62	1.19	
K_2	1.35	1.32	1.63	
K_3	1.31	1.1	1.18	
K_1	0.49	0.54	0.40	
K_2	0.45	0.44	0.54	
K_3	0.43	0.37	0.39	
R	0.06	0.17	0.15	

由图 6.6(b) 可知,随着 W/C 的增大,FC 的抗压强度急剧降低。$w_{H_2O_2}$ 为 3% 时,抗压强度为 0.54 MPa;当 $w_{H_2O_2}$ 加大到 5% 时,抗压强度减到 0.37 MPa,降幅达 31.2%,影响非常明显。随着 $w_{H_2O_2}$ 增加产生的气孔增加,毛细孔和连通孔都增加,孔壁强度降低,导致 NFC 抗压强度急剧降低。

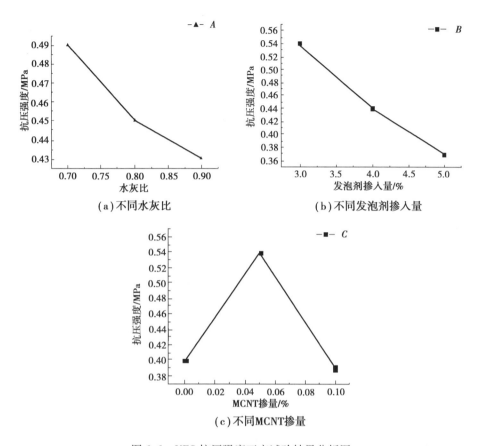

图 6.6　NFC 抗压强度正交试验结果分析图

由图 6.6(c)可知,NFC 的强度随 w_{CNT} 的增加呈先增大后减小的趋势。当 w_{CNT} 为 0.05% 时,效果最明显,增幅达到 35%。随着 w_{CNT} 的增加抗压强度也随之降低。这可能是 MCNT 的加入后 NFC 中孔径减小,大孔和连通孔都大大降低,孔壁强度增加,这几方面的原因共同导致加入 MCNT 后强度大大提高。但 w_{CNT} 过大会造成它在 NFC 中的分散困难,在 NFC 中大量的团聚会影响 MCNT 成核效率和孔壁结构,造成最终抗压强度降低。

6.4.6　NFC 导热系数结果分析

导热系数的大小对保温材料至关重要,而导热系数也关系保温材料的保温隔热性能。对 NFC 导热系数正交分析结果见表 6.11。由表 6.11 各因素的极差大小可知,对 NFC 导热系数影响的大小顺序是 $W/C>w_{CNT}>w_{H_2O_2}$。因此,W/C 是导热系数的主要影响因素,其次为 w_{CNT},最后为 W/C。

表 6.11　NFC 的导热系数正交试验结果与极差分析

试验号	$W/C(A)$	$w_{H_2O_2}(B)$	$w_{CNT}(C)$	导热系数/$[(W \cdot (m \cdot K)^{-1}]$
T1	1	1	1	0.093 2
T2	1	2	2	0.083 7
T3	1	3	3	0.080 0
T4	2	1	3	0.073 9
T5	2	2	1	0.071 3
T6	2	3	2	0.063 8
T7	3	1	2	0.074 5
T8	3	2	3	0.081 3
T9	3	3	1	0.079 9
K_1	0.256 9	0.241 6	0.244 4	
K_2	0.209 0	0.236 3	0.222	
K_3	0.235 7	0.223 7	0.232 6	
K_1	0.085 6	0.080 5	0.081 5	
K_2	0.069 7	0.078 8	0.074 0	
K_3	0.078 6	0.074 5	0.077 5	
R	0.015 9	0.006 0	0.007 5	

根据表 6.11 中的数据进一步得出 NFC 导热系数随 W/C,$w_{H_2O_2}$,w_{CNT} 变化曲线,如图 6.7(a)、(b)、(c)所示。由图 6.7(a)可知,随着 W/C 的增大和 $w_{H_2O_2}$ 的增加,NFC 的导热系数降低。这种导热系数结果与干密度的相似,说明影响 NFC 的重要因素为试块中孔体积的百分比,即孔隙率的大小,孔隙率增加导热系数降低。

由图 6.7(b)可知,NFC 的导热系数随着 w_{CNT} 的增加明显降低,但当 w_{CNT} 大时导热系数会有所增加。当没加 CNT 时,导热系数为 0.081 5、w_{CNT} 为 0.05% 时,导热系数为 0.074 0,降幅达 10% ;w_{CNT} 增加到 0.1% 时,导热系数增加。引起这种情况的原因可能是随着 w_{CNT} 的增加,NFC 中的封闭孔的数量大大增加,这就增加了热量在材料中的传递困难。而当 w_{CNT} 掺量加多时,分散困难,产生大量的团聚,导致在 NFC 中形成一定的连通孔,增加了热量的流通,NFC 的导热系数就会增大。

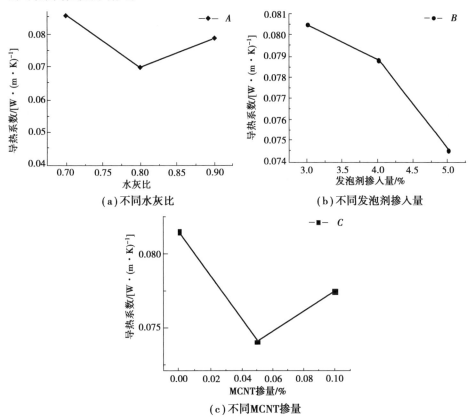

图 6.7　NFC 导热系数正交试验结果分析图

6.4.7　化学法 MCNT 增强纳米泡沫混凝土性能方案优化

针对 NFC 的干密度、吸水率、含水率、抗压强度及导热系数进一步进行正交分析,了解每个因素和水平对各项性能的影响,确定 NFC 各项性能指标因素主次和优化方案,具体见表6.12。

表6.12　NFC 的各项性能指标因素主次和方案优化

物理指标		$W/C(A)$	$w_{H_2O_2}(B)$	$w_{CNT}(C)$
干密度 /(kg·m^{-3})	K_1	431	465	410
	K_2	376	374	375
	K_3	356	325	378
	极差值 R	75	140	35
	因素主—次	B—A—C		
	优方案	$B_3A_3C_2$		
吸水率/%	K_1	82	61	82
	K_2	89	91	90
	K_3	92	109	87
	极差值 R	10	48	8
	因素主—次	B—A—C		
	优方案	$B_1A_1C_1$		
含水率/%	K_1	24	20	25
	K_2	26	24	26
	K_3	26	32	25
	极差值 R	2	12	1
	因素主—次	B—A—C		
	优方案	$B_1A_1C_1$ 或 $B_1A_1C_3$		
抗压强度 /MPa	K_1	0.49	0.54	0.40
	K_2	0.45	0.44	0.54
	K_3	0.43	0.37	0.39
	极差值 R	0.06	0.17	0.14
	因素主—次	B—C—A		
	优方案	$B_1C_2A_1$		

物理指标		$W/C(A)$	$w_{H_2O_2}(B)$	$w_{CNT}(C)$
导热系数 /[W·(m· K)⁻¹]	K_1	0.085 6	0.069 7	0.078 6
	K_2	0.080 5	0.078 8	0.074 5
	K_3	0.081 5	0.074 0	0.077 5
	极差值 R	0.015 9	0.006 0	0.007 5
	因素主—次	$A—C—B$		
	优方案	$A_2C_2B_3$		

不同指标对应的优方案是不同的,利用指标拆开单独处理方法的平衡过程如下:

因素 A:对吸水率,含水率和抗压强度 3 个指标都是取 A_1 好,而且抗压强度和导热系数是 NFC 的主要性能指标,在确定优水平时应重点考虑;对干密度,则是取 A_3 好,从极差看,A 为次要的因素;对导热系数,则是取 A_2 好,故根据多数倾向和 A 因素对不同指标的重要程度,选取 A_1。

因素 B:对于中间 3 个指标来说,都是取 B_1 好,另外,对这 3 个指标,B 因素都是最主要的因素,在确定优水平时应重点考虑;对干密度和导热系数,则都是取 B_3,而且在导热系数指标中 B 为最次要因素。这时,可本着降低消耗的原则,选取 B_1,以减少发泡剂双氧水的掺量。

因素 C:对于后两个指标和干密度来说,都是以 C_2 为最佳水平,而且这 3 个指标是最重要的,故取 C_2。

综合上述分析,最优方案为 $A_1B_1C_2$,即 W/C 为 0.7,$w_{H_2O_2}$ 为 3%,w_{CNT} 为 0.05%。

本实验测得的抗压强度偏低,主要原因是 W/C 太大,可添加减水剂来调节,增大强度。吸水率偏大,可以以硬脂酸钙类为稳泡剂,同时可在配比中加入一定量的憎水剂。

6.5 碳纳米管/膨胀性水泥增强纳米泡沫混凝土制备及表面浸渍处理

6.5.1 原材料与仪器设备

MCNT 及含 0.6% 的 MCNT 分散液均见 6.2 节;硫铝酸盐水泥(SAC),淄博云鹤彩色水泥有限公司,这种特种水泥有微膨胀的特点,可弥补 FC 干缩大的特点。SAC 的主要化学组成性能指标见表 6.13。

表 6.13 硫铝酸盐水泥的 XRF 分析结果/wt%

名称	CaO	SiO$_2$	Al$_2$O$_3$	Fe$_2$O$_3$	SO$_3$	K$_2$O
SAC	47.363 7	2.880 5	15.048 7	1.406 5	12.596 5	0.290 1

粉煤灰,购自青岛黄岛发电厂,粉煤灰的掺加一方面可节约大量的水泥和细骨料,另一方面可减少用水量,增大流动性,并且改善混凝土的孔结构。

双氧水,发泡剂,分子式为 H$_2$O$_2$,纯度大于 30%,购自烟台三合化学试剂有限公司。

植物蛋白发泡剂,购自石家庄乐然化工有限公司。聚羧酸减水剂,购自山东省建科院。CMC,购自国药集团化学试剂有限公司。石灰,市售。

正硅酸乙酯(TEOS),分子式为 C$_8$H$_{20}$O$_4$Si,正硅酸乙酯喷涂在 FC 表面后,因 FC 水化呈碱性,故正硅酸乙酯在碱性环境下易水解生成单硅酸和醇,最后单硅酸之间或单硅酸和醇之间进行缩合生成 Si—O—Si 键,并进一步聚合成 Si—O—Si 网络,从而形成一层憎水膜,阻止水分的侵入。在使具有其良好的表面防水特性同时,还具有一定的透气性及呼吸能力,进而使 FC 具有良好的防水耐久性能。

主要实验仪器设备见表6.14。

表6.14　主要实验仪器设备

仪器设备名称	厂　家	用途
水泥砂浆搅拌机	无锡市建筑材料仪器机械厂	净浆试样搅拌
T-1000 型电子天平	常熟双杰测试仪器厂	称量
电热恒温鼓风干燥箱	上海东星仪建材实验设备有限公司	试件干燥
DYD 电子万能试验机	无锡东仪制造科技有限公司	试件强度测试
空气压缩机	台州市奥突斯工贸有限公司	试件脱模
LCR 数字电桥	常州市同惠电子有限公司	阻抗测试
电化学工作站	AMETEK	电化学阻抗图的测试
界面张力仪	上海梭伦信息科技有限公司	接触角的测量
扫描电子显微镜	日立 Hatichi 公司	微观形貌观察

6.5.2　MCNT/膨胀性水泥增强纳米泡沫混凝土配合比与制备流程

考虑各因素和经济效益后,最终确定 W/C 为 0.7,粉煤灰掺量为 8%,植物蛋白发泡剂掺量为 1%,双氧水掺量为 3.5%,聚羧酸减水剂的掺量为 1.5%,CMC 的掺量为 0.4%,MCNT 掺量为 0.0%,0.05%,0.1%。为了增加浆体硬化速度,因此在其中加入了 0.8% 的 CaO。将称量好的水泥、粉煤灰、CaO 混合后,低速搅拌 3 min 左右直到完全均匀,再加入温度为 30~40 ℃ 的水低速搅拌,接着加入含有聚羧酸减水剂的 MCNT 分散液,高速搅拌并形成均匀混合料浆后加入植物蛋白发泡剂,低速搅拌 5 s 后再加入双氧水发泡剂,最后低速搅拌 10 s 后注入试模形成 MCNT/膨胀性水泥增强纳米泡沫混凝土(BNFC)试样。养护好后,按第 3 章各项性能测试方法进行不同尺寸试样切割、加工。相应 BNFC 实验配合比见表6.15,BNFC 发泡成型后外形如图 6.8 所示,BNFC 电阻抗试样外形及阻抗测试图如图 6.9 所示。需进一步指出,将部分切割好的 BNFC 试样浸渍到正硅酸乙酯溶液 15 s,通过接触角、阻抗谱评价浸渍前后 BNFC 表面防水特性。

表 6.15 BNFC 材料配合比

编号	W/C	SAC 水泥 /g	粉煤灰 /g	水 /g	H₂O₂ /g	蛋白发泡剂 /g	MCNT /g	减水剂 /g	CMC /g	CaO /g
N₁	0.7	820.8	72	630	31.5	9.0	0	9.45	3.6	7.2
N₂	0.7	820.8	72	630	31.5	9.0	0.45	9.45	3.6	7.2
N₃	0.7	820.8	72	630	31.5	9.0	0.9	9.45	3.6	7.2

(a)MCNT掺量为0%的断面图　　(b)MCNT掺量为0.05%的断面图　(c)MCNT掺量为0.1%的断面图

图 6.8 BNFC 发泡成型后外形图

  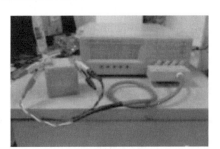

(a)在模具里　　(b)脱模,表面切　　　　(c)阻抗测试图
　　　　　　　　割完后外形图

图 6.9 嵌有钢丝电极的 BNFC 图

6.6　碳纳米管/膨胀性水泥增强纳米泡沫混凝土综合性能评价

6.6.1　BNFC 接触角分析

通过界面张力仪测试 BNFC 表面接触角 θ，见表 6.16。结果表明，未经过正硅酸乙酯处理的 BNFC 因其表面孔隙多，水滴一接触其表面就被吸收渗透，故无法测量其接触角 θ；经过正硅酸乙酯浸渍处理后 BNFC 的接触角 θ 均大于 90°，这是因正硅酸乙酯的水解作用，在 BNFC 表面形成了一层憎水膜，保证 BNFC 具有良好的表面防水特性，如图 6.10 所示。

表 6.16　BNFC 接触角的测量结果/(°)

MCNT 掺量	未喷正硅酸乙酯	喷涂正硅酸乙酯
0%	—	125.25
0.05%	—	126.97
0.1%	—	133.6

(a) 0%　　　　(b) 0.05%　　　　(c) 0.1%

图 6.10　不同 MCNT 掺量浸渍 BNFC 接触角

6.6.2　BNFC 的干密度与抗压强度结果分析

不同 MCNT 掺量下 BNFC 的干密度与抗压强度结果如图 6.11 所示。

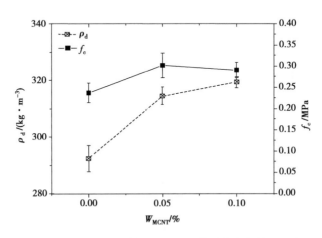

图 6.11　不同 MCNT 掺量下 BNFC 的干密度与抗压强度

由图 6.10 可知,在加入少量 MCNT 时,随着 MCNT 掺量的加入,会使 BNFC 干密度大幅度增加了 7.5% ;在 MCNT 掺量由 0.05% 到 0.1% 时,对干密度基本没有影响。同时,MCNT 的加入能提高 BNFC 的抗压强度。当 MCNT 掺量在 0.05% 时,BNFC 抗压强度提高了 27% ,随着 MCNT 掺量的进一步增加,BNFC 抗压强度也稍有降低,但误差小得多。

6.6.3　BNFC 的吸水率结果分析

表 6.17 为单面吸水 48 h 后 BNFC 饱和吸水率 w_{sa} 结果。

表 6.17　BNFC 单面吸水 48h 后 BNFC 饱和吸水率 w_{sa}/%

MCNT 掺量	未喷正硅酸乙酯	喷涂正硅酸乙酯
0	133.5±1.1	93.0±3.6
0.05%	98.1±3.8	85.1±5.2
0.1%	102.1±8.5	89.7±2.0

由表 6.17 可知, MCNT 掺量对 BNFC 的 w_{sa} 有很大的影响, BNFC 随着 MCNT 掺量的增加 w_{sa} 逐渐减小而后有所增加。经过正硅酸乙酯处理过的 BNFC 的 w_{sa} 相对于未经过处理的 BNFC 而言, 其 w_{sa} 整体降低了 18% 左右, 这是因正硅酸乙酯水解后在 BNFC 表面形成了一层憎水膜, 使 BNFC 具有良好的表面防水特性, 从而提高了 BNFC 的耐久性。

6.6.4　BNFC 的电阻抗结果分析

如图 6.12 所示为 BNFC 的阻抗与 Nyquist 阻抗谱图。

由图 6.12 可知, BNFC 阻抗值随着频率的增大而减小, 并且随着 MCNT 掺量的增加, BNFC 阻抗值先增大后减小。3 条曲线的半径大小分别对应 MCNT 掺量 0.05% > 0.1% > 0%, 而圆弧半径大小反映了体系的电阻, 即圆弧半径越大, 电阻越大, 导电性能越差。这是因 MCNT 具有管状结构, 是一种优良导电性能的准一维纤维, 其均匀分散在 BNFC 基体中, 能形成良好的导电网络, 从而增加 BNFC 的导电性, 降低其阻抗值; 而当 MCNT 掺量增加到 0.1% 时, 分散较困

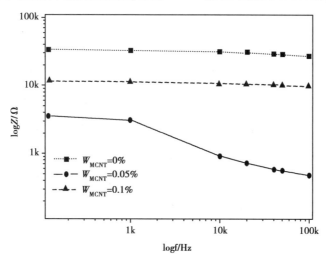

(a) log$Z$-log$f$ 曲线

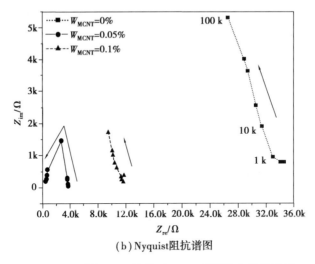

（b）Nyquist阻抗谱图

图 6.12　不同 MCNT 掺量下 BNFC 的阻抗与阻抗谱图

难,MCNT 容易团聚,从而使其阻抗值增加。而导体材料对电磁能流具有发射和引导作用,在导体内部产生与源电磁场相反的电流和磁极化,从而减弱辐射。因此,增加适量的 MCNT 可提高 BNFC 的导电性,使 BNFC 在电磁波屏蔽应用上得到发展。

如图 6.13 所示,根据 MCNT 掺量的不同,圆弧半径的大小为 MCNT 掺量 0% >0.1% >0.05%,在其他条件相同的情况下,阻抗半圆半径即为极化电阻,而极化电阻通常与腐蚀速率成反比,圆弧半径越大,极化电阻越大,则腐蚀速率越小,抗腐蚀性越强。可知,MCNT 的加入会降低试件的抗腐蚀性能,其中 MCNT 掺量为 0.05% 的 BNFC 试件抗腐蚀性最差,这是因 MCNT 在 BNFC 试件中均匀分散,MCNT 良好导电性,使体系的电阻减小,从而抗腐蚀能力下降。但是,对比 3 条曲线的半径,它们的半径差值较小,这是因 MCNT 的加入改善了 BNFC 的孔结构,使 BNFC 结构更致密,从而使其抗腐蚀能力得到提高。

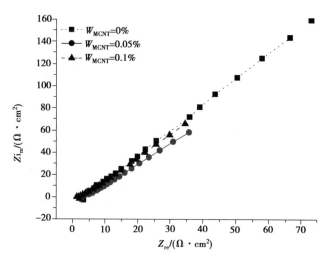

图 6.13　不同 MCNT 掺量下 BNFC 的电化学阻抗曲线

6.6.5　BNFC 的微观形貌

如图 6.14 所示为不同 MCNT 掺量下 BNFC 的微观形貌。

由图 6.14 可知,空白 BNFC 的孔径不均匀,孔径大小相差较大,且孔隙大多为连通孔;MCNT 掺量为 0.05% 的 BNFC 孔结构得到很大改善,孔隙均匀细小,且连通孔大大减少,封闭孔增加,结构更致密,故 BNFC 的密度增大、吸水率降低、抗压强度提高;MCNT 掺量为 0.1% 的 BNFC 较空白发泡混凝土而言,孔隙较为均匀。但是,相较于 0.05% 掺量的 BNFC,其孔结构在一定程度上被破坏,连通孔增加,孔径大小也较不均匀。因此,BNFC 的吸水率和抗压强度降低。

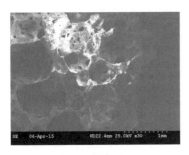

(a) 空白试件

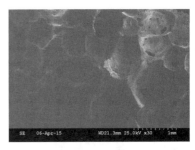

(b) $W_{MCNT}=0.05\%$

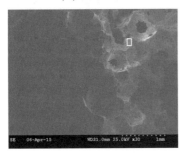

(c) $W_{MCNT}=0.1\%$

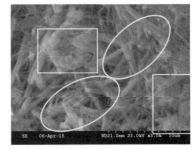

(d) $W_{MCNT}=0.1\%$

注:箭头—MCNTs;框—C-S-H 凝胶;圆圈—钙矾石

图 6.14　不同 MCNT 掺量下 BNFC 微观形貌

6.7　阻尼自增强纳米泡沫混凝土阻尼减振性能

6.7.1　阻尼自增强 NFC 制备用原材料与仪器设备

实验原料中,水泥、双氧水、CMC、铝酸钠、Tx-100 见 6.3 节。细砂,最大公称直径 0.3 mm,市售。主要仪器设备见 6.3 节。另外,DASP-10 型动态信号测试系统,北京东方振动和噪声技术研究所生产。

6.7.2　阻尼自增强 NFC 制备过程与综合性能表征方法

MCNT 分散液与阻尼自增强 NFC 制备基本过程见 6.3 节。阻尼自增强

NFC 试件的制备过程为:将称量好的水泥、细砂、铝酸钠混合后,低速搅拌 3 min 左右直到完全均匀,再加入温度为 30～40 ℃ 的水低速搅拌,接着加入刚制得的 MCNT 分散液,高速搅拌并形成均匀混合料浆后加入发泡剂,最后低速搅拌 1 min 左右完全均匀后注入试模形成阻尼自增强 NFC 原始试样。同时,按第 3 章 相应性能测试的标准要求对试件进行切割、养护和加工。如图 6.15 所示为阻 尼自增强 NFC 试样。由图 6.15(a) 不难看出,其泡沫孔径细而均匀,发泡效果 较好。图 6.15(b)中的圆柱体尺寸为直径 100 mm,高 50 mm。为了保证导热系 数的测试更准确,此圆柱体试样上下涂覆导热硅胶、周边缠绕保温带。图 6.15 (c) 中的长方体薄板,用于阻尼减振性能测试,在一安静的房间用弹性垫棉作 为弹性支承,其尺寸为 280 mm×90 mm×25 mm。

（a）在模具中立方体状　　　　　　（b）脱模切割成圆台状

（c）薄板状，并粘有加速度计

图 6.15　阻尼自增强 NFC 试样

用自由激振-半功率带宽识别法测试阻尼自增强 NFC 的阻尼减振性能(频 率 f 和阻尼比 ζ_c)。为了验证识别方法的可行性,选用 ANSYS 有限元软件对空 白 FC 薄板进行模态分析,得出模拟频率和振型,并与试验频率和振型比较,校 核其与试验结果的一致性。用 ANSYS 有限元软件对空白发泡混凝土薄板进行模态分析,两端无约束。在后处理模块中,通过列表命令显示模型频率,得到第 7 阶模态频率为 328 Hz,并与空白 FC 试验频率 335 Hz 做比较,两者误差相差 2%。如图 6.16 所示为空白 FC 的一阶振型与基准频率。说明:ANSYS 较好地模拟了阻尼自增强 NFC 薄板的频率和振型,与试验结果有较好的一致性;采用振动衰减法测试阻尼自增强 NFC 的阻尼性能,并用半功率带宽法识别阻尼自增强 NFC 的阻尼比和固有频率是可行的。

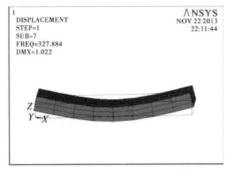 

(a)空白FC一阶振型与基准频率　　(b)掺0.1%MCNT的NFC的SEM显微图

图 6.16　空白 FC 的一阶振型与基准频率及掺 0.1% MCNT 的 NFC 显微图

6.7.3　实验结果与分析

阻尼自增强 NFC 相关性能结果见表 6.18。

表 6.18　阻尼自增强 NFC 各项性能结果

w_{CNT}	ρ_d /(g·cm⁻³)	W_e /%	f_e /MPa	λ_e /[W·(m·K)⁻¹]	f /Hz	ζ_e
0	327.6±2.5	140.3±3.1	0.30±0.03	0.154±0.001	335	0.044 1±0.003
0.05	371.1±3.3	118.7±2.1	0.45±0.02	0.035±0.002	320	0.043 9±0.002
0.10	366.2±4.0	123.0±1.3	0.39±0.02	0.047±0.003	327	0.060 1±0.003
0.15	321.8±1.9	128.3±2.4	0.29±0.02	0.056±0.002	343	0.037 5±0.002

由表 6.18 可知,随着 MCNT 的增加,阻尼自增强 NFC 的干密度 ρ_d 与抗压

强度 f_c 先增大、后减小，吸水率 W_c 先减小后增加。当 MCNT 含量分别为 0.05% 和 0.10% 时，ρ_d 分别提高 13.3% 和 11.8%，f_c 分别提高 50% 和 30%，W_c 分别降低 15.3% 和 12.3%。空白试件 λ_c 为 0.154 W／(m·K)，保温隔热性较差。当 MCNT 含量为 0.05% 时，阻尼自增强 NFC 导热系数最小，λ_c 为 0.035 W／(m·K)，降幅达到 77.3%，这也表明掺 0.05% MCNT 纳米造核作用发挥得最好，能产生较多致密、均匀、大小适中的封闭气孔。在封闭气孔内，空气导热系数较低，阻止了热量的传递，保温隔热性好。

混凝土结构的阻尼比一般在 0.03 ~ 0.08，空白泡沫混凝土 ζ_c 为 0.044。MCNT 掺量达到 0.10% 时，ζ_c 提高 36.2%，说明 MCNT 纳米成核剂的引入及泡沫混凝土内部产生的细小孔隙对材料阻尼性能有一定提升作用。如图 6.16 (b) 所示为掺 0.1% MCNT 的阻尼自增强 NFC 孔径约 25 μm 微泡孔的显微结构图。SEM 图显示，少数 MCNT 散布于基体中，发挥其纤维桥联增强作用；而多数 MCNT 有一定的缠绕成束，界面位错，缺陷较多，发挥微观耗能作用。

强度和阻尼是水泥基材料的两个重要指标。由表 6.18 可知，相比于空白泡沫混凝土，MCNT 含量为 0.05% 时，f_c 增幅达到 50.0%，但 ζ_c 没有明显提升；MCNT 含量为 0.1% 时，f_c 增幅为 30.0%，同时 ζ_c 达到 0.060 1，增幅可达 36.2%；MCNT 含量为 0.15% 时，f_c 和 ζ_c 均减小，比空白泡沫混凝土还小。事实上，0.05% MCNT 纤维掺量下，分散度好的 MCNT 纤维搭接好，成核效率高，泡沫混凝土中的孔结构致密，孔径较小，封闭孔多，耗能较少，实现了增韧补强效果，但阻尼性能未能有提升；0.10% 掺量下，MCNT 分散度适中，分散均匀的 MCNT 纤维能发挥成核与桥联效应，使孔隙缩小，结构趋于密实；分散不均匀的 MCNT 纤维使微观层间位错，缺陷增多，进而使 NFC 既具有一定强度，又有较好的阻尼减振性能；而更高掺量下 MCNT(0.15%) 在基体中的分散度进一步下降，不仅成核效率变低，MCNT 形成了更大的团聚体，孔洞缺陷大幅度增加，相应阻尼自增强 NFC 的 f_c 和 ζ_c 均减小。此时，MCNT 对阻尼自增强 NFC 的性能反而有相对抑制作用。

6.8 纳米泡沫混凝土吸波性能研究

6.8.1 吸波型 NFC 制备用原材料与仪器设备

MCNT、水泥、发泡剂等实验原料同 6.7 节。测试仪器设备:型号为 LB-340-10-C-SF-BJ26 的标准增益喇叭天线,成都英联科技公司生产,其频率范围为 2.2～3.3 GHz,增益为 10 dB。网络分析仪(PNA),型号 Keysight N5222A,德科技(中国)有限公司生产,其测频范围分别为 10 MHz～26.5 GHz。同轴传输线、同轴转接头,若干。微波吸波暗室,尺寸为 6.09 m×6.31 m×2.68 m,是一个四周内壁附着聚氨酯吸波海绵、四周外壁由金属屏蔽体组建的封闭空间,微波暗室为试验创造了一个排除外界电磁干扰的"自由空间"环境,雷达波段 f 选为 2～18 GHz,包含 X 波段和 Ku 波段,并满足 $f \geqslant cL/2D^2$ 要求,如图 6.17 所示。

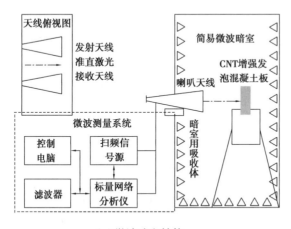

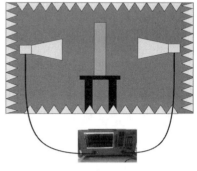

(a)微波暗室结构　　　　　　　　　　(b)NFC 板反射率吸波测试图

图 6.17　微波暗室结构与 NFC 板反射率吸波测试图

6.8.2　NFC 吸波性能测试方法

自由空间法是一种非接触、非破坏的电磁参数测量方法。自由空间法的测试系统是由 PNA、喇叭天线以及微波暗室等主要设备组成的自由空间测量系统,两个喇叭天线之间的距离设为 200 cm。假设所测的材料为均匀分布,厚度为 d 的平板形状的理想材料,PNA 会发出一个频率为 f 的电磁波信号,经由同轴传输线传输到喇叭天线,并由喇叭天线向自由空间辐射。喇叭天线发射的线极化均匀平面波入射到位于两个喇叭天线之间的待测材料上,由于待测材料表面的电磁阻抗与自由空间(空气)之间的阻抗存在差异,使电磁波在空气与材料的交界面发生反射与透射。因此,反射信号被喇叭天线接收后传输回 PNA 中,得到的耦合信号与参考信号的比值,最终分别获得测量的反射系数。

首先利用金属校准件分别连接开路(Open)、短路(Short)、两端口连通(Through)进行校准,以消除测试端口误差。校准完成后,再检查各个接口处是否连接紧密,然后将 CNT 增强发泡混凝土固定在微波暗室的转动台上,要求其与两个喇叭天线的连线保持垂直,可保证发射的电磁波垂直入射到发泡混凝土样品处。结合自由空间法用室内雷达散射截面(RCS)反射率法测两种不同 w_{CNT} 掺量下 CNT 增强发泡混凝土板的反射率 Γ_{dB}。其值可计算为

$$\Gamma = \frac{P_a}{P_m} = \frac{\dfrac{P_a}{P_i}}{\dfrac{P_m}{P_i}} = \frac{\Gamma_a}{\Gamma_m} \tag{6.2}$$

$$\Gamma_{dB} = 10 \lg \Gamma_a - 10 \lg \Gamma_m = 10 \lg \frac{\Gamma_a}{\Gamma_m} \tag{6.3}$$

式中　Γ, Γ_{dB} ——CNT 增强发泡混凝土样板 RAM 反射率、以分贝数表示的反射率;

　　　　P_a, P_m ——CNT 增强发泡混凝土样板、良导体(金属板)平面的反射功率;

P_i——与发射信号成正比的参考信号的反射功率。

6.8.3　NFC 吸波性结果分析

图 6.18 显示分别掺 0.05% CNT 和 0.1% CNT 的 CNT 增强发泡混凝土的微波反射系数与传输系数。

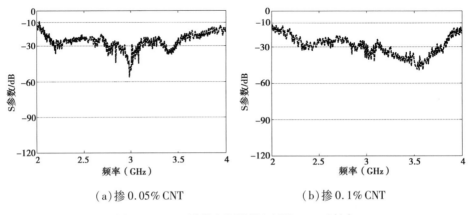

(a)掺 0.05% CNT　　　　　　　　(b)掺 0.1% CNT

图 6.18　CNT 增强发泡混凝土板的 RCS 反射率

由图 6.18 可知,在 S 波段(2 ~ 4 GHz)范围内,CNT 增强发泡混凝土板均可实现 90% 以上的吸波率且 CNT 掺量更高(0.1%)时,其在 S 波段超过 30% 的 RCS 反射率范围频段更宽,幅值更低。显然,气泡的引入可有效降低发泡混凝土密度与声阻抗,使其与空气声阻抗相匹配;更重要的是,作为准一维纳米纤维,纳米小尺寸效应与表面效应使 CNT 表面原子比例高,悬挂键增多,易引起界面极化与电子自旋构象现象,形成对电磁波的多重散射,宏观量子隧道效应使 CNT 纳米离子的电子能级分裂,产生微波吸收通道,最终使 CNT 增强泡沫混凝土具有良好的宽频电磁波吸收能力,可预计该 CNT 增强发泡混凝土及制品用作高档墙板时具有良好的防电磁波污染与干扰能力。

6.9 结 论

①采用 Tx-100(曲拉通)作为分散剂,CMC 作为增稠剂,经一定时间超声处理后得到均匀分散的 CNT 分散液。W/C 和 $w_{H_2O_2}$ 对 NFC 的干密度、强度、导热系数影响明显,加大 W/C 和 $w_{H_2O_2}$,干密度、强度、导热系数都有不同程度的降低。

②MCNT 的加入可使 NFC 的孔结构得到改善,平均孔径减小,形貌得到改善。MCNT 对 NFC 的性能指标影响明显,尤其对抗压强度和导热系数,在一定的掺入量范围内,随着 MCNT 的加入,抗压强度升高,导热系数降低,w_{CNT} 为 0.05% 时,抗压强度增加 35%,导热系数降低 10%。采用的正交因素和水平中,最优方案为 $A_1B_1C_2$,即 W/C 为 0.7,$w_{H_2O_2}$ 为 3%,w_{CNT} 为 0.05%。

③MCNT 掺量对 NFC 试件的各项物理性能均有影响。MCNT 掺量在 0.05% 左右时,MCNT 作为 NFC 中的成核剂,可改善 NFC 的孔结构,平均孔径减小,使孔隙均匀,孔径适中,结构致密,封闭孔的数量增加,连通孔的数量减少;平均干密度在 290 ~ 320 kg/m³ 变化平稳,吸水率大幅度减少,强度提高 27%,导电性能提高;CNT 作为成核剂在掺量为 0.05% ~0.1% 的各项性能都达到最优,但抗腐蚀能力下降。

④当 MCNT 掺量达到 0.1% 时,因 MCNT 分散较困难而团聚,使相应的干密度、吸水率、抗压强度、导电性能等相对于 0.05% 掺量的 BNFC 均有所降低。此外,用正硅酸乙酯处理 NFC,可在 BNFC 表面形成一层憎水膜,使 BNFC 具有表面防水特性,从而能提高它的耐久性。

⑤掺 0.05% MCNT 的阻尼自增强 NFC 的 f_c,W_c,ρ_d,λ_c 分别为 0.45 MPa,371.1 kg/m³,118.7%,0.035 W/(m·K),但其阻尼系数未见明显变化。相比于空白试样,阻尼自增强 NFC 的 f_c,W_c,ρ_d,λ_c 分别提高 50.0%,降低 15.3%,提高 13.3%,降低 77.3%。MCNT 在 NFC 基体中能发挥泡沫成核与纤维桥联效

应。掺加适量的 MCNT(0.10%) 后,阻尼自增强 NFC 拥有平衡的力学与阻尼性能,f_c,W_c,ρ_d,λ_c 分别提高 30.0%,降低 12.3%,提高 11.8%,降低 69.5%,且 ζ_c 达到最大(0.060 1),增幅为 36.2%,内部细小孔隙、MCNT 良好的层间摩擦力及其与水化产物间的内摩阻力对 NFC 阻尼性能均有促进作用。

⑥结合自由空间 RCS 法发现,掺 0.05% CNT 的 CNT 增强发泡混凝土拥有 90% 以上的宽频吸波率,在一些频段还有超 30% 反射率,达到宽频吸波性能与高性价比的综合效能。结合多孔气泡有效降低混凝土密度与 CNT 多重散射/界面极化引起宽频带电磁波-热能损耗效应综合诠释宽频吸波实现机制。

第7章　结论与展望

7.1　结　论

　　本书研究了化学发泡、物理发泡工艺对发泡性能的影响,以固废基 GHBSC 为主要胶凝材料制备了低干密度且具有优良保温性能的 UHBFC。探究了不同种类的发泡剂、不同的发泡剂稀释比和不同的发泡机吸液阀角度 α 产生的泡沫性能差异,并结合微观分析探究了 UHBFC 的物理性能,从而筛选出最优发泡方案。基于优化后的发泡方案,探究了 3 种不同品质的粉煤灰按不同比例替代 GHBSC 对制备 UHBFC 微观形貌、水化产物、物理性能及收缩性能的影响,并筛选出最适用于制备 UHBFC 的粉煤灰级别。采用四因素四水平的正交试验,探究了不同粉煤灰掺量、泡沫掺量、水胶比及减水剂掺量对 UHBFC 微观结构和物理性能的影响,并对实验结果进行了极差分析和方差分析,找出了各因素的优水平及显著性顺序,筛选出用于制备 UHBFC 的最优配比。选用了 4 种粉状憎水剂和两种液态憎水剂对 UHBFC 进行防水处理,探究了不同憎水剂防水效果的差异,并得出了最优防水方案。采用机械搅拌分散、超声波分散、电场作用分散、共价化学修饰或与表面活性剂非共价修饰等分散工艺,将纳米材料均匀分散于水性体系,结合化学发泡工艺,静停发泡成型多壁碳纳米管(MCNT)增强泡沫混凝土,切割养护而成纳米泡沫混凝土(NFC),并系统了研究 NFC 的物理性能、阻尼减振、电磁吸波及阻抗防腐等综合性能。本书的主要研究结论如下:

①将石油焦渣、粉煤灰、电石渣、铝矾土按 1.65∶1∶0.4∶2.5 生料配比,在 1 300 ℃烧制出 42.5 级 GHBSC,固废综合利用率近 85%。

②不同种类的发泡剂、不同的发泡剂稀释比和不同的发泡机吸液阀角度 α 对产生泡沫的性能和制备的 UHBFC 性能的影响各不相同。其中,高分子复合型发泡剂在发泡剂稀释比为 1∶20 和 α 为 60°的条件下发出的泡沫性能最好,其泡沫密度、发泡倍数、1 h 沉降距及 1 h 泌水量分别为 33.4 kg/m³,29.9 倍,9 mm 及 35 mL。

③经过极差分析和方差分析得知,采用植物蛋白型发泡剂,在发泡剂稀释比为 1∶30 和 α 为 60°的条件下制备的 UHBFC 性能最好,并制得了干密度为 290 kg/m³,抗压强度为 0.45 MPa,比强度为 1 551.7 N·m/kg,导热系数为 0.078 2 W/(m·K),体积吸水率为 56.9% 的 UHBFC。

④植物蛋白型发泡剂和动物蛋白型发泡剂制备的 UHBFC,其孔结构完整性和孔的均匀程度优于高分子复合型发泡剂制备的 UHBFC,且连通孔较少孔壁较厚。相比于其他两种发泡剂,用植物蛋白型发泡剂制备的 UHBFC 其水化产物中不但具有较多的钙矾石,而且钙矾石上覆盖的硅酸钙和硅铝酸钙凝胶较多,保证了其较高的强度。

⑤3 种级别粉煤灰的加入都不同程度地降低了 UHBFC 的抗压强度、导热系数和比强度,减少了水化产物的生成,掺有Ⅰ级和Ⅱ级粉煤灰的 UHBFC 的抗压强度、导热系数和比强度相差不大但都优于掺有Ⅲ级粉煤灰的 UHBFC。Ⅱ级粉煤和Ⅰ级粉煤灰的加入,都较好地改善了 UHBFC 的孔结构,减少了连通孔,使孔壁结构更致密。

⑥相同密度等级下,用 GHBSC 制备的 UHBFC 的 28 d 收缩值为 1.792 mm/m,这远低于用普通硅酸盐水泥制备的 UPCFC 的收缩值。在 UHBFC 中,掺入 3 种级别的粉煤灰并没有抑制收缩反而增大了收缩值。其中,掺有Ⅱ级粉煤和Ⅰ级粉煤灰的 UHBFC 收缩值低于掺有Ⅲ级粉煤灰的 UHBFC 收缩值。当Ⅱ级粉煤掺量为 15% 时,UHBFC 的收缩值为 2.930 mm/m,仍远低于 UPCFC 收缩值,

且 UHBFC 的其他性能较好,其比强度、导热系数和拉伸黏结强度分别为
1 276.6 N·m/kg,0.079 1 W/(m·K)和 0.128 MPa。

⑦随着粉煤灰掺量增加,UHBFC 的抗压强度和导热系数逐渐降低,孔壁结
构变得越来越疏松。随着水胶比的增加,UHBFC 的干密度、抗压强度和导热系
数均呈先增加后降低的趋势。随着泡沫掺量增加,UHBFC 的干密度、抗压强度
和导热系数均不断降低,且 UHBFC 的孔径增大,孔隙占得体积增加。随着减水
剂掺量的增加,UHBFC 的干密度、抗压强度和导热系数均呈先增加后下降的
趋势。

⑧经过极差和方差分析并通过综合评定的方法得知,影响 UHBFC 干密度、
抗压强度和导热系数的各因素显著性顺序都为 $C>D>A>B$,筛选出的最优方案
为 $A_3B_2C_3D_2$,即粉煤灰掺量为 10%,水胶比为 0.4,泡沫掺量为 15%,减水剂掺
量为 0.4%。经过试验验证,此方案制备的 UHBFC 干密度为 315 kg/m³,抗压强
度为 0.52 MPa,导热系数为 0.079 3 W/(m·K),符合装配轻质墙板中对
UHBFC 提出的性能指标。

⑨随着 4 种粉状憎水剂掺量的增加,UHBFC 的抗压强度呈出先增加后降低
的趋势。其中,当硬脂酸锌的掺量为 1.5% 时,UHBFC 抗压强度最高,为 0.54
MPa。硬脂酸钙和聚硅氧烷对 UHBFC 的导热系数影响较小,硬脂酸锌和可再
分散性乳胶粉对 UHBFC 的导热系数影响较大。随着 4 种粉状憎水剂掺量增
加,UHBFC 的体积吸水率逐渐降低。其中,硬脂酸钙的憎水效果最好,当其掺
量为 4% 时,UHBFC 的 72 h 体积吸水率可降至 23.6%。

⑩用液态憎水剂处理的 UHBFC 的 1 h 体积吸水率可降低至 5% 以内,憎水
角在 90° 以上。浸泡法处理的 UHBFC 的体积吸水率要低于用表面涂刷法处理
的 UHBFC。含氢硅油的防水效果要优于甲基聚硅氧烷树脂。其中,用掺有
KH550 的含氢硅油对 UHBFC 试样采用浸泡法处理后 72 h 体积吸水率可降至
4.4%,憎水角可增至 125.87°,但固化率过高。而组 N_{CHK} 的试样不但 72 h 体积
吸水率较低(为 5.8%),而且固化率也较低(为 8.2%)。因此,可选择该组方

案,即用掺加 KH550 的含氢硅油来对不掺加粉状憎水剂的 UHBFC 试样进行表面涂刷处理。

⑪MCNT 的加入可使 NFC 的孔结构得到改善,平均孔径减小,形貌得到改善。MCNT 对 NFC 的性能指标影响明显,尤其对抗压强度和导热系数,在一定的掺入量范围内,随着 MCNT 的加入,抗压强度升高,导热系数降低。当 w_{CNT} 为 0.05% 时,抗压强度增加 35% ,导热系数降低 10% 。采用的正交因素和水平中,最优方案为 $A_1B_1C_2$,即 W/C 为 0.7, $w_{H_2O_2}$ 为 3% , w_{CNT} 为 0.05% 。

⑫当 MCNT 掺量达到 0.1% 时,由于 MCNT 分散较困难而团聚,使相应的干密度、吸水率、抗压强度及导电性能等相对于 0.05% 掺量的 BNFC 均有所降低。此外,用正硅酸乙酯处理 NFC,可在 BNFC 表面形成一层憎水膜,使 BNFC 具有表面防水特性,从而能提高其耐久性。

⑬掺 0.05% MCNT 的阻尼自增强 NFC 的 f_c,W_c,ρ_d,λ_c 分别为 0.45 MPa, 371.1 kg/m^3,118.7% ,0.035 W/(m·K) ,但其阻尼系数未见明显变化。相比于空白试样,阻尼自增强 NFC 的 f_c,W_c,ρ_d,λ_c 分别提高 50.0% ,降低 15.3% ,提高 13.3% ,降低 77.3% 。MCNT 在 NFC 基体中能发挥泡沫成核与纤维桥联效应。掺加适量的 MCNT(0.10%) 后,阻尼自增强 NFC 拥有平衡的力学与阻尼性能,f_c,W_c,ρ_d,λ_c 分别提高 30.0% ,降低 12.3% ,提高 11.8% ,降低 69.5% ,且 ζ_c 达到最大(为 0.060 1) ,增幅为 36.2% ,内部细小孔隙、MCNT 良好的层间摩擦力及其与水化产物间的内摩阻力对 NFC 阻尼性能均有促进作用。

⑭掺 0.05% CNT 的 CNT 增强发泡混凝土板拥有 90% 以上的宽频吸波率,在一些频段还有超 30% 反射率,综合吸波性能与性价比良好。基于引入的气泡有效降低了混凝土密度、声阻抗与纳米纤维 CNT 多重散射/界面极化带来的宽频带电磁波-热能损耗效应,综合解释该 CNT 增强发泡混凝土宽频吸波能力。

7.2 展 望

本书先后从固废基 GHBSC 烧制,制备 UHBFC 发泡方案的优选,不同品质的粉煤灰对 UHBFC 的影响,UHBFC 配合比优化,对 UHBFC 的防水处理,以及纳米材料引入改善其物理性能等方面入手,对 UHBFC 的干密度、抗压强度、导热系数、吸水率、收缩以及微观结构等进行了综合探究。制备出干密度为 315 kg/m³、抗压强度为 0.52 MPa、导热系数为 0.0793 W/(m·K)的超轻泡沫混凝土,经防水处理后其 72 h 体积吸水率可降至 4.4%。探讨了 NFC 的物理性能、表面浸渍防水性能、阻尼减振等多项性能,在将其用于预制装配式保温墙材中前还有一些方面需要进一步探究。

①虽然 UHBFC 将作为保温夹层用于建筑物中,但是 UHBFC 的完整与否将直接影响墙体的保温性能,其耐久性尤其是抗冻性能仍然不容忽视,而影响其抗冻性的主要因素之一就是水。因此,后期应结合防水处理对 UHBFC 的抗冻性进行综合探究,从而制得防水效果优良且具有较好抗冻性的 UHBFC。

②本书只针对 UHBFC 的试样进行了性能测定,但是试样与保温墙板之间存在一定的性能差异。因此,后期还需要基于优化后的配合比制备板状 UHBFC,并对其整体热工性能、吸声性能和抗劈裂性能进行测试。

③发泡剂仍是影响 UHBFC 孔结构以及物理性的重要因素,市场上的发泡剂参差不齐,未来还应加强对发泡剂方面的研究,力争研制出同时具有较好的稳定性且与水泥浆体相容性较好的发泡剂。

④MCNT 纳米材料价格偏贵,有待开发应用于泡沫混凝土体系中性价比更好的纳米材料,并探讨其隔音降噪、电磁波屏蔽与吸波等特殊功能,以研发军工防护用高档轻质墙板。

⑤为了迎合绿色环保理念,推动绿色泡沫混凝土的发展,后期尝试将市面上各种固废如尾矿粉、石粉、脱硫石膏粉、砖粉及再生微粉等按不同比例掺入水泥来探究它们对 UHBFC 的性能的影响。

附录　缩写附表

缩写名	全　名	缩写名	全　名
SAC	硫铝酸盐水泥	α	发泡机吸液阀角度
HBSC	高贝利特硫铝酸盐水泥	ρ_F	泡沫密度
GHBSC	绿色高贝利特硫铝酸盐水泥	β_F	发泡倍数
FC	泡沫混凝土	SD	1h 沉降距离
UHBFC	固废基超轻泡沫混凝土	BV	1h 泌水量
NFC	纳米泡沫混凝土	ρ_d	干密度
BNFC	MCNT/膨胀性水泥增强纳米泡沫混凝土	f_{cu}/f_c	抗压强度
FA	粉煤灰	f_{ss}	比强度
GHSFC	固废基超轻泡沫混凝土	ε	孔隙率
W/B	水胶比	k_c/λ_c	导热系数
CMC	甲基纤维素	γ_v	体积吸水率
PCE	聚羧酸减水剂	ζ_c	阻尼比
PPF	植物蛋白型发泡剂	W_c	吸水率
APF	动物蛋白型发泡剂	SEM	扫描电镜
PCF	高分子复合型发泡剂	XRF	X 荧光光谱仪
MCNT	多壁碳纳米管	XRD	X 衍射仪

参考文献

［1］张启. 寒冷地区超轻泡沫混凝土的制备与性能［D］. 哈尔滨：哈尔滨工业大学，2014.

［2］雷东移，郭丽萍，刘加平，等. 泡沫混凝土的研究与应用现状［J］. 功能材料，2017，48(11)：11037-11042.

［3］Mo K H, Alengaram U J, Jumaat M Z. Bond properties of lightweight concrete-A review［J］. Construction and Building Materials, 2016(112)：478-496.

［4］Frenzel M, Curbach M. Shear strength of concrete interfaces with infra-lightweight and foam concrete［J］. Structural Concrete, 2018, 19(1)：269-283.

［5］张鹤译. 镁水泥超轻泡沫混凝土制备与性能研究［D］. 沈阳：沈阳建筑大学，2013.

［6］Svatovskaya L, Sychova A, Soloviova V, et al. Absorptive properties of hydrate silicate building materials and products for quality and geoecoptection improvement［J］. Indian Journal of Science and Technology, 2016, 9(42)：1401-1408.

［7］Jiang L, Xiao H, An W, et al. Correlation study between flammability and the width of organic thermal insulation materials for building exterior walls［J］. Energy and Buildings, 2014(82)：243-249.

［8］Sengul O, Azizi S, Karaosmanoglu F, et al. Effect of expanded perlite on the mechanical properties and thermal conductivity of lightweight concrete[J]. Energy and Buildings, 2011, 43(2-3): 671-676.

[9] 章炜. 典型有机建筑保温材料热解动力学行为特性研究[D]. 武汉: 武汉理工大学, 2015.

[10] 吴镝. 常用有机保温材料燃烧性能研究[J]. 新型建筑材料, 2014, 41(4): 18-20.

[11] 张巨松, 王才智, 黄灵玺, 等. 泡沫混凝土[M]. 哈尔滨: 哈尔滨工业大学出版社, 2016.

[12] 闫振甲, 何艳君. 高性能泡沫混凝土保温制品实用技术[M]. 北京: 中国建材工业出版社, 2015.

[13] 习雨同. 泡沫混凝土气孔结构与性能研究[D]. 南京: 南京航空航天大学, 2016.

[14] Kearsley E P, Wainwright P J. The effect of high fly ash content on the compressive strength of foamed concrete[J]. Cement and Concrete Research, 2001, 31(1): 105-112.

[15] 蒋晓曙, 李莽. 泡沫混凝土的制备工艺及研究进展[J]. 混凝土, 2012(1): 142-144.

[16] 刘超, 罗健林, 李秋义, 等. 泡沫混凝土的生产现状及未来发展趋势[J]. 现代化工, 2018, 38(9): 10-14+16.

[17] Liu C, Luo J, Li Q, et al. Preparation andphysical properties of high-belite sulphoaluminate cement-based foam concrete using an orthogonal test[J]. Materials, 2019, 12(6): 984.

[18] 兰明章, 项斌峰, 周健, 等. 快凝快硬高贝利特硫铝酸盐水泥熟料水化机理研究[J]. 硅酸盐通报, 2017, 36(8): 2720-2724+2742.

[19] 兰明章, 赵旭东, 陈智丰, 等. 快凝快硬高贝利特硫铝酸盐水泥熟料烧成过程研究[J]. 硅酸盐通报, 2017, 36(9): 2958-2962.

［20］Su D, Yue G, Li Q, et al. Research on the preparation and properties of high belite sulphoaluminate cement（HBSAC）based on various industrial solid wastes［J］. Materials, 2019, 12（9）：1510.

［21］刘雪丽, 焦双健, 王振超. 发泡剂及泡沫混凝土研究综述［J］. 价值工程, 2017, 36（28）：236-237.

［22］杨永, 衣兰梅, 王如峰, 等. 发泡剂与发泡机——发泡菱镁水泥成败之关键［J］. 科技与企业, 2012（10）：283-284.

［23］滕德强. 泡沫混凝土发泡剂的研究进展［J］. 广东化工, 2014, 41（15）：155-156.

［24］王志刚, 习会峰, 龙志勤. 泡沫混凝土及其发泡剂的研究进展［J］. 四川建材, 2014, 40（3）：23-24+27.

［25］许彦明, 蒙海宁, 左李萍, 等. 泡沫混凝土发泡剂研究综述［J］. 粉煤灰, 2016, 28（3）：43-46.

［26］蒋俊. 超轻泡沫混凝土制备及性能研究［D］. 绵阳：西南科技大学, 2015.

［27］朱红英. 泡沫混凝土配合比设计及性能研究［D］. 杨凌：西北农林科技大学, 2013.

［28］周啸尘, 杨军, 张恩庆. 粉煤灰高性能混凝土正交试验研究［J］. 山东科技大学学报：自然科学版, 2002（3）：106-109.

［29］陈金立. 浅谈粉煤灰对砂浆性能的影响［N］. 中华建筑报, 2019-07-30（006）.

［30］张亚涛, 秦岭. 掺加粉煤灰的砂浆和混凝土抗压强度相关性研究［J］. 水泥工程, 2018（5）：88-90.

［31］初永杰, 刘民荣. 大掺量粉煤灰泡沫混凝土的改性研究［J］. 新型建筑材料, 2018, 45（8）：135-138.

［32］嵇鹰, 张军, 武艳文, 等. 粉煤灰对泡沫混凝土气孔结构及抗压强度的影

响[J]. 硅酸盐通报, 2018, 37(11): 3657-3662.

[33] 王野, 慕明晏. 泡沫混凝土防水性能研究[J]. 建筑与预算, 2017(11): 39-44.

[34] 周利睿, 耿飞, 习雨同, 等. 气孔结构对泡沫混凝土吸水率和抗压强度的影响[J]. 新型建筑材料, 2017, 44(7): 71-75.

[35] Savoly A, Elko D P. Foaming agent composition and process: U. S. Patent 5, 158, 612[P]. 1992-10-27.

[36] 马平. 泡沫混凝土发泡剂性能研究[D]. 西安: 西安建筑科技大学, 2016.

[37] Sanchez-Vioque R, Bagger C L, Rabiller C, et al. Foaming properties of acylated rapeseed (Brassica napus L.) hydrolysates[J]. Journal of Colloid and Interface Science, 2001, 244(2): 386-393.

[38] Horiuchi T, Fukushima D, Sugimoto H, et al. Studies on enzyme-modified proteins as foaming agents: effect of structure on foam stability[J]. Food Chemistry, 1978, 3(1): 35-42.

[39] Askvik K M, Gundersen S A, Sjöblom J, et al. Complexation between lignosulfonates and cationic surfactants and its influence on emulsion and foam stability[J]. Colloids and Surfaces A: Physicochemical and Engineering Aspects, 1999, 159(1): 89-101.

[40] 王新岐. 软土地区泡沫轻质土处理桥头路基试验研究[J]. 城市道桥与防洪, 2012(10): 27-29+6.

[41] 刘永兵, 蒲万芬, 杨燕, 等. 新型 PAS-12 高效起泡剂及泡沫液体系的研究[J]. 钻井液与完井液, 2005(1): 53-56,84-85.

[42] 赵晓东, 江琳, 孟英峰, 等. 钻井用耐盐抗高温发泡剂的制备和性能研究[J]. 西南石油学院学报, 2001(4): 46-48+2.

[43] 马秋, 杨红健, 杨少明, 等. 氯氧镁水泥复合发泡剂的研究[J]. 新型建

筑材料, 2018, 45(12): 56-60.

[44] Pickford C, Crompton S. Foamed concrete in bridge construction [J]. Concrete, 1996, 30(6).

[45] 田国鑫, 黄俊. 浅谈国内外泡沫混凝土的发展与应用[J]. 混凝土, 2017 (3): 124-128.

[46] 周明杰, 王娜娜, 赵晓艳, 等. 泡沫混凝土的研究和应用最新进展[J]. 混凝土, 2009(4): 104-107.

[47] Falliano D, De Domenico D, Ricciardi G, et al. Experimental investigation on the compressive strength of foamed concrete: effect of curing conditions, cement type, foaming agent and dry density[J]. Construction and Building Materials, 2018(165): 735-749.

[48] Panesar D K. Cellular concrete properties and the effect of synthetic and protein foaming agents[J]. Construction andBuilding Materials, 2013(44): 575-584.

[49] Davraz M, Kilinçarslan S, Koru M, et al. Investigation of relationships between ultrasonic pulse velocity and thermal conductivity coefficient in foam concretes[J]. Acta Physica Polonica A, 2016, 130(1): 469-470.

[50] Tian T, Yan Y, Hu Z, et al. Utilization of original phosphogypsum for the preparation of foam concrete[J]. Construction and Building Materials, 2016 (115): 143-152.

[51] Chen X, Yan Y, Liu Y, et al. Utilization of circulating fluidized bed fly ash for the preparation of foam concrete[J]. Construction and Building Materials, 2014(54): 137-146.

[52] Sun C, Zhu Y, Guo J, et al. Effects of foaming agent type on the workability, drying shrinkage, frost resistance and pore distribution of foamed concrete [J]. Construction and Building Materials, 2018(186): 833-839.

[53] 李文博. 泡沫混凝土发泡剂性能及其泡沫稳定改性研究[D]. 大连：大连理工大学，2009.

[54] 李浩然. 高稳定发泡剂与泡沫混凝土的优化设计及性能研究[D]. 南京：南京航空航天大学，2014.

[55] 牛云辉，张玉苹，蒋俊. 发泡剂对泡沫混凝土气孔结构及性能的影响[J]. 混凝土世界，2016(9)：60-63.

[56] 乔欢欢，李军. 矿物发泡剂对泡沫混凝土基体材料性能的影响[J]. 新型建筑材料，2017，44(6)：130-133.

[57] Abdullah M M A B, Hussin K, Bnhussain M, et al. Fly ash-based geopolymer lightweight concrete using foaming agent[J]. International Journal of Molecular Sciences, 2012, 13(6)：7186-7198.

[58] Xu F, Gu G, Zhang W, et al. Pore structure analysis and properties evaluations of fly ash-based geopolymer foams by chemical foaming method [J]. Ceramics International, 2018, 44(16)：19989-19997.

[59] Yue L, Chen B. New type of super-lightweight magnesium phosphate cement foamed concrete[J]. Journal of Materials in Civil Engineering, 2014, 27 (1)：04014112.

[60] Boke N, Birch G D, Nyale S M, et al. New synthesis method for the production of coal fly ash-based foamed geopolymers[J]. Construction and Building Materials, 2015(75)：189-199.

[61] Sugama T, Brothers L E, Van de Putte T R. Air-foamed calcium aluminate phosphate cement for geothermal wells[J]. Cement and Concrete Composites, 2005, 27(7-8)：758-768.

[62] 杨保先. 碱矿渣泡沫混凝土的配合比、工程性能和孔结构研究[D]. 青岛：青岛理工大学，2018.

[63] 黄政宇，孙庆丰，周志敏. 硅酸盐-硫铝酸盐水泥超轻泡沫混凝土孔结构

及性能研究[J]. 硅酸盐通报, 2013, 32(9): 1894-1899.

[64] Feng J, Zhang R, Gong L, et al. Development of porous fly ash-based geopolymer with low thermal conductivity[J]. Materials & Design (1980-2015), 2015(65): 529-533.

[65] Ozlutas K. Behaviour of ultra-low density foamed concrete[D]. PhD Thesis, University of Dundee, 2015.

[66] Sun Y, Gao P, Geng F, et al. Thermal conductivity and mechanical properties of porous concrete materials[J]. Materials Letters, 2017(209): 349-352.

[67] She W, Du Y, Zhao G, et al. Influence of coarse fly ash on the performance of foam concrete and its application in high-speed railway roadbeds[J]. Construction and Building Materials, 2018(170): 153-166.

[68] Chindaprasirt P, Rattanasak U. Shrinkage behavior of structural foam lightweight concrete containing glycol compounds and fly ash[J]. Materials & Design, 2011, 32(2): 723-727.

[69] Roslan A F, Awang H, Mydin M A O. Effects of various additives on drying shrinkage, compressive and flexural strength of lightweight foamed concrete (LFC)[C]. Advanced Materials Research. Trans Tech Publications, 2013 (626): 594-604.

[70] Batool F, Rafi MM, Bindiganavile V. Microstructure and thermal conductivity of cement-based foam: A review[J]. Journal of Building Engineering, 2018 (20): 696-704.

[71] 杭美艳, 杨冉. 矿物掺合料对泡沫混凝土的性能影响[J]. 硅酸盐通报, 2018, 37(4): 1480-1486.

[72] 蒋俊, 李军, 牛云辉, 等. 矿物掺合料对超轻泡沫混凝土气孔结构及性能的影响[J]. 混凝土与水泥制品, 2019(6): 59-63.

[73] 倪倩. 矿物掺和料对高铝水泥基泡沫混凝土性能的影响[D]. 绵阳: 西南

科技大学, 2017.

[74] 田甜. 磷石膏泡沫混凝土的制备及性能研究[D]. 绵阳: 西南科技大学, 2016.

[75] 罗健林, 段忠东, 李秋义, 等. 建筑用混杂纳米复合材料的制备方法: ZL201110232385.0[P]. 2014-12-03.

[76] Khan M I. Experimental investigation on mechanical characterization of fiber reinforced foamed concrete [D]. Master's Thesis, University of Akron, Akron, USA, 2014.

[77] Falliano D, De Domenico D, Ricciardi G, et al. Compressive and flexural strength of fiber-reinforced foamed concrete: Effect of fiber content, curing conditions and dry density [J]. Construction and Building Materials, 2019 (198): 479-493.

[78] Yakovlev G, Keriene J, Gailius A, et al. Cement based foam concrete reinforced by carbon nanotubes [J]. Materials Science, 2006, 12 (2): 147-151.

[79] Luo J, Li Q, Zhao T, et al. Thermal and electrical resistances of carbon nanotube-reinforced foamed concrete [J]. Nanoscience and Nanotechnology Letters, 2014, 6(1): 72-79.

[80] 林涛. 外加组分对泡沫混凝土收缩和抗裂性能的试验研究[D]. 合肥: 合肥工业大学, 2015.

[81] 吴潜, 孙小巍, 王瑾. 纤维复掺对泡沫混凝土性能影响的研究[J]. 混凝土, 2017(3): 157-160.

[82] 白光, 田义, 余林文, 等. 聚乙烯醇纤维对碱矿渣泡沫混凝土性能的影响 [J]. 材料导报, 2018, 32(12): 2096-2099.

[83] Li Y, Chen B. New type of super-lightweight magnesium phosphate cement foamed concrete [J]. Journal of Materials in Civil Engineering, 2014, 27

（1）: 12.

[84] Nambiar E K K, Ramamurthy K. Sorption characteristics of foam concrete [J]. Cement and Concrete Research, 2007, 37(9): 1341-1347.

[85] 丁曼. 防水性泡沫混凝土研究[D]. 长沙: 湖南大学, 2011.

[86] 胡璐. 有机硅防水剂对泡沫混凝土的影响研究[D]. 重庆: 重庆大学, 2015.

[87] 张磊蕾, 王武祥. 改善泡沫混凝土吸水性能的研究[J]. 建材技术与应用, 2011(6): 1-3.

[88] 单星本, 朱卫中. 憎水泡沫混凝土性能试验研究[J]. 低温建筑技术, 2015, 37(2): 9-10.

[89] 于宁, 张云飞, 谢慧东, 等. 憎水剂对化学发泡泡沫混凝土性能影响的试验研究[J]. 商品混凝土, 2012(9): 34-35, 43.

[90] Liu C, Luo J, Li Q, et al. Calcination of green high-belite sulphoaluminate cement (GHSC) and performance optimizations of GHSC-based foamed concrete[J]. Materials & Design, 2019(182): 107986.

[91] 中华人民共和国住房和城乡建设部. 泡沫混凝土: JG/T 266—2011[S]. 北京: 中国标准出版社, 2011.

[92] 中华人民共和国国家质量监督检验检疫总局. 绝热材料稳态热阻及有关特性的测定 防护热板法: GB/T 10294—2008[S]. 北京: 中国标准出版社, 2008.

[93] Ramamurthy K, Nambiar E K K, Ranjani G I S. A classification of studies on properties of foam concrete[J]. Cement and Concrete Composites, 2009, 31(6): 388-396.

[94] Nambiar E K K, Ramamurthy K. Influence of filler type on the properties of foam concrete [J]. Cement and Concrete Composites, 2006, 28(5): 475-480.

[95] Pan Z, Li H, Liu W. Preparation and characterization of super low density foamed concrete from Portland cement and admixtures[J]. Construction and Building Materials, 2014(72): 256-261.

[96] Falliano D, Gugliandolo E, De Domenico D, et al. Experimental investigation on the mechanical strength and thermal conductivity of extrudable foamed concrete and preliminary views on its potential application in 3D printed multilayer insulating panels[C]. RILEM International Conference on Concrete and Digital Fabrication. Springer, Cham, 2018: 277-286.

[97] Mydin M A O. Effective thermal conductivity of foamcrete of different densities [J]. Concrete Research Letters, 2011, 2(1): 181-189.

[98] 肖红力. 泡沫混凝土发泡剂性能的研究[D]. 杭州：浙江大学, 2011.

[99] Luo J, Li Q, Zhao T, et al. Bonding and toughness properties of PVA fibre reinforced aqueous epoxy resin cement repair mortar[J]. Construction and Building Materials, 2013 (49): 766-771.

[100] Hilal A A. Properties and microstructure of pre-formed foamed concretes [D]. PhD Thesis, University of Nottingham, 2015.

[101] Kearsley E P, Wainwright P J. Porosity and permeability of foamed concrete [J]. Cement and Concrete Research, 2001, 31(5): 805-812.

[102] Kuzielova E, Pach L, Palou M. Effect of activated foaming agent on the foam concrete properties[J]. Construction and Building Materials, 2016 (125): 998-1004.

[103] 郭伟, 王春, 孙佳胜, 等. 硫铝酸钙-贝利特水泥熟料的低温制备及其水化性能研究[J]. 材料导报, 2017, 31(24): 35-39.

[104] Fu X, Yang C, Liu Z, et al. Studies on effects of activators on properties and mechanism of hydration of sulphoaluminate cement[J]. Cement and Concrete Research, 2003, 33(3): 317-324.

［105］中华人民共和国住房和城乡建设部. 建筑砂浆基本性能试验方法标准:
JGJ/T 70—2009［S］. 北京: 中国标准出版社, 2009.

［106］Azimi A H. Experimental investigations on the physical and rheological
characteristics of sand-foam mixtures［J］. Journal of Non-Newtonian Fluid
Mechanics, 2015(221): 28-39.

［107］Prem P R, Verma M, Ambily P S. Sustainable cleaner production of concrete
with high volume copper slag［J］. Journal of Cleaner Production, 2018
(193): 43-58.

［108］Jones M R, McCarthy A. Utilising unprocessed low-lime coal fly ash in
foamed concrete［J］. Fuel, 2005, 84(11): 1398-1409.

［109］Demirboga R. Influence of mineral admixtures on thermal conductivity and
compressive strength of mortar［J］. Energy and Buildings, 2003, 35(2):
189-192.

［110］Shahidan S, Aminuddin E, Noor K M, et al. Potential of hollow glass
microsphere as cement replacement for lightweight foam concrete on thermal
insulation performance［C］. MATEC Web of Conferences. EDP Sciences,
2017 (103): 01014.

［111］Chaunsali P, Mondal P. Physico-chemical interaction between mineral
admixtures and OPC-calcium sulfoaluminate (CSA) cements and its
influence on early-age expansion［J］. Cement and Concrete Research, 2016
(80): 10-20.

［112］Zhang G, Li G. Effects of mineral admixtures and additional gypsum on the
expansion performance of sulphoaluminate expansive agent at simulation of
mass concrete environment［J］. Construction and Building Materials, 2016
(113): 970-978.

［113］Schindler A K, Folliard K J. Heat of hydration models for cementitious materials[J]. ACI Materials Journal, 2005, 102(1): 24.

[114] Izaguirre A, Lanas J, Alvarez J I. Effect of water-repellent admixtures on the behaviour of aerial lime-based mortars[J]. Cement and Concrete Research, 2009, 39(11): 1095-1104.

[115] Jiang J, Lu Z, Niu Y, et al. Study on the preparation and properties of high-porosity foamed concretes based on ordinary Portland cement[J]. Materials & Design, 2016 (92): 949-959.

[116] Huang Z, Zhang T, Wen Z. Proportioning and characterization of Portland cement-based ultra-lightweight foam concretes [J]. Construction and Building Materials, 2015 (79): 390-396.

[117] Zhang J, Liu X. Dispersion performance of carbon nanotubes on ultra-light foamed concrete[J]. Processes, 2018, 6(10): 194.

[118] Wang Q, Qiu L G, Yao Q, et al. Effect of hollow glass microsphere on performance of foam concrete[C]. Key Engineering Materials. Trans Tech Publications, 2013 (539): 64-69.

[119] Sang G, Zhu Y, Yang G, et al. Preparation and characterization of high porosity cement-based foam material [J]. Construction and Building Materials, 2015 (91): 133-137.

[120] Zulkarnain F, Ramli M. Durability of performance foamed concrete mix design with silica fume for housing development[J]. Journal of Materials Science and Engineering, 2011, 5(5):518-527.

[121] Tkach E V, Semenov V S, Tkach S A, et al. Highly effective water-repellent concrete with improved physical and technical properties [J]. Procedia Engineering, 2015 (111): 763-769.

[122] Tittarelli F, Carsana M, Ruello M L. Effect of hydrophobic admixture and recycled aggregate on physical-mechanical properties and durability aspects

of no-fines concrete[J]. Construction and Building Materials, 2014(66): 30-37.

[123] Aitcin P C. The durability characteristics of high performance concrete: A review[J]. Cement and Concrete Composites, 2003, 25(4-5): 409-420.

[124] Ma C, Chen B. Properties of foamed concrete containing water repellents [J]. Construction and Building Materials, 2016 (123): 106-114.

[125] Medeiros M, Helene P. Efficacy of surface hydrophobic agents in reducing water and chloride ion penetration in concrete[J]. Materials and Structures, 2008, 41(1): 59-71.

[126] Li P, Wu H, Liu Y, et al. Preparation and optimization of ultra-light and thermal insulative aerogel foam concrete [J]. Construction and Building Materials, 2019(205): 529-542.

[127] Vilches J, Ramezani M, Neitzert T. Experimental investigation of the fire resistance of ultra lightweight foam concrete [J]. International Journal of Advanced Engineering Applications, 2012, 1(4): 15-22.

[128] Liu Z, Hansen W. Effect of hydrophobic surface treatment on freeze-thaw durability of concrete[J]. Cement and Concrete Composites, 2016 (69): 49-60.

[129] Wang J, Lu C H, Xiong J R. Self-cleaning and depollution of fiber reinforced cement materials modified by neutral TiO_2/SiO_2 hydrosol photoactive coatings [J]. Applied Surface Science, 2014(298): 19-25.

[130] Raupach M, Wolff L. Long-term durability of hydrophobic treatment on concrete[J]. Surface Coatings International Part B: Coatings Transactions, 2005, 88(2): 127-133.

[131] Tittarelli F, Moriconi G. Comparison between surface and bulk hydrophobic treatment against corrosion of galvanized reinforcing steel in concrete[J].

Cement and Concrete Research, 2011, 41(6): 609-614.

[132] Lanzon M, García-Ruiz P A. Evaluation of capillary water absorption in rendering mortars made with powdered waterproofing additives [J]. Construction and Building Materials, 2009, 23(10): 3287-3291.

[133] 张帅, 罗健林, 李秋义, 等. 碳纳米管改性泡沫混凝土物理力学与阻尼性能[J]. 混凝土, 2015(4): 78-81.

[134] 刘超, 罗健林, 李秋义. 高贝利特硫铝酸盐水泥基泡沫混凝土的物理性能研究[J]. 硅酸盐通报, 2018, 37(266):3416-3421+3432.

[135] Luo J L, Hou D S, Li Q Y, et al. Comprehensive performances of carbon nanotube reinforced foam concrete with ethyl silicate impregnation [J]. Construction and Building Materials, 2017(131):512-516.

[136] 罗健林, 李秋义, 赵铁军, 等. 纳米泡沫混凝土及加筋保温墙板及墙板的制备方法:ZL201310042110. X[P]. 2014-12-10.

[137] 罗健林, 李秋义, 赵铁军, 等. 轻质混凝土以及采用该混凝土的多功能防护板与制备方法:ZL201410116217.9[P]. 2016-03-02.

[138] Liu C, Luo J L, Li Q Y, et al. Water-resistance properties of high-belite sulphoaluminate cement-based ultra-light foamed concrete treated with different water repellents[J]. Construction and Building Materials, 2019 (228): 116798.

[139] 陈兵, 刘睫. 纤维增强泡沫混凝土性能试验研究[J]. 建筑材料学报, 2010,13(3): 286-290.

[140] Geng Y J, Li S C, Hou D S, et al. Fabrication of superhydrophobicity on foamed concrete surface by GO/silane coating [J]. Materials Letters, 2020 (265): 127423.

[141] 黄忠明, 樊迪刚, 刘维新. 水泥混凝土吸波材料及其制备方法:ZL200810064075.0[P]. 2008-09-17.

［142］张月青.碳纳米管基复合吸波材料的制备及性能研究［D］.太原:中北大学,2012.

［143］莫漫漫,马武伟,庞永强,等.基于拓扑优化设计的宽频吸波复合材料［J］.物理学报,2018,67(21):334-343.